U0458155

城市轨道交通行车组织

主　编　熊满川　李　俊　谢婷婷

副主编　薛千万　李建军　张　谋

参　编　柳洪燕　陈福利　刘亚娟　裴廷福

主　审　黄德勇　蒋志侨

北京理工大学出版社

BEIJING INSTITUTE OF TECHNOLOGY PRESS

内容简介

本书为城市轨道交通类专业系列教材，全书以城市轨道交通系统行车岗位所需理论知识和实践技能为主，分基础知识篇和技能操作篇进行编写，其中基础知识篇包括：城市轨道交通调度指挥系统、城市轨道交通列车运行图、城市轨道交通车站行车组织管理、正常情况下的行车组织、非正常情况下的行车组织和调车作业组织；技能操作篇包括：全日列车运行方案图编制和电话闭塞法下的行车组织。本书配有二维码等教材配套数字资源，可扫书中的二维码获取更多相关学习资源。

本书可作为城市轨道交通专业的教材，也可作为相关行业岗位培训用书。

图书在版编目（CIP）数据

城市轨道交通行车组织 / 熊满川，李俊，谢婷婷主编. -- 北京 : 北京理工大学出版社，2024.1

ISBN 978-7-5763-3437-1

Ⅰ. ①城… Ⅱ. ①熊… ②李… ③谢… Ⅲ. ①城市铁路－行车组织－高等职业教育－教材 Ⅳ. ①U239.5

中国国家版本馆 CIP 数据核字（2024）第 032976 号

责任编辑：封 雪　　**文案编辑**：封 雪
责任校对：周瑞红　　**责任印制**：施胜娟

出版发行 / 北京理工大学出版社有限责任公司
社 址 / 北京市丰台区四合庄路 6 号
邮 编 / 100070
电 话 /（010）68914026（教材售后服务热线）
（010）68944437（课件资源服务热线）
网 址 / http://www.bitpress.com.cn

版 印 次 / 2024 年 1 月第 1 版第 1 次印刷
印 刷 / 定州启航印刷有限公司
开 本 / 889 mm × 1194 mm 1/16
印 张 / 13
字 数 / 258 千字
定 价 / 89.00 元

图书出现印装质量问题，请拨打售后服务热线，负责调换

PREFACE 前言

城市轨道交通具有速度快、运量大、安全可靠、环境污染轻、受其他交通方式影响小等特点，这对改变当前城市交通拥挤、乘车困难、行车速度慢及减轻空气污染等非常有效。因此，城市轨道交通逐渐成为现代化都市的一张名片。

党的二十大报告指出：“坚持把发展经济的着力点放在实体经济上，推进新型工业化，加快建设制造强国、质量强国、航天强国、交通强国、网络强国、数字中国。”自 20 世纪 90 年代以来，我国城市轨道交通的发展步伐逐渐加快。目前，我国城市轨道交通的运营总里程已超过 10 000 km，位居世界第一位，遥遥领先于世界其他国家。此外，我国还有许多地铁线路正在建设当中，所以我国城市轨道交通的发展前景十分广阔。

在城市轨道交通的各系统中，行车组织具有非常关键的作用。城市轨道交通的安全、速度、输送能力和效率均与行车组织密切相关。科学组织列车运行，可以产生巨大的经济效益和社会效益。

本书为城市轨道交通类专业系列教材，主要介绍城市轨道交通行车组织，共有八个模块。模块一至模块六为基础知识部分，模块七及模块八为技能操作部分。模块一介绍了城市轨道交通调度指挥机构及模式、城市轨道交通行车调度工作、城市轨道交通电力调度工作和城市轨道交通环境控制调度工作。模块二介绍了列车运行图的基本概念、列车运行图的组成要素、列车运行图的编制和列车运行图的铺画。模块三介绍了车站行车作业要素、车站行车作业管理和车站施工作业管理。模块四介绍了行车组织基础、正常情况下的控制中心行车组织、正常情况下的车站行车组织和正常情况下的车辆段行车组织。模块五介绍了车站联锁设备故障时的行车组织、列车故障救援的行车组织和特殊情况下的行车组织。模块六介绍了调车作业概述和车辆段调车作业组织。模块七介绍了全日列车运行方案图（粗图）编制和全日列车运行方案图（精图）编制。模块八介绍了中间站电话闭塞法发车作业、中间站电话闭塞法接车作业、终点站电话联系法接发车作业和人工办理进路作业。在附录一中提供了一些知识点作为拓展阅读。在附录二中补充了一些图片的彩版。本书配有二维码等教材配套数字资源，可扫书中的二维码获取更多相关学习资源。

本书由四川仪表工业学校熊满川、李俊、谢婷婷担任主编，四川仪表工业学校薛千万、李建军、张谋担任副主编，四川仪表工业学校柳洪燕、重庆荣昌职教中心陈福利、重庆能源职业学院刘亚娟、广西交通职业技术学院裴廷福参加编写。全书由重庆市轨道交通（集团）有限公司黄德勇和四川仪表工业学校蒋志侨担任主审。

由于我国城市轨道交通设备制式繁多，标准不一，资料难以搜集齐全，加之编者水平有限，时间仓促，书中难免有错误、疏漏及不妥之处，恳望读者批评指正，以便今后修订和完善。书中参考引用的有关从事城市轨道交通研究的专家、学者的著作和论文，在书末列出了主要参考文献，在此表示衷心的感谢。

编　者

CONTENTS 目录

基础知识篇

基础知识篇

模块一 1

城市轨道交通调度指挥系统

模块描述

城市轨道交通调度是城市轨道交通日常运输组织的指挥中枢，担负着组织行车、提高运营服务质量、确保运输安全、完成乘客运输计划、实现列车运行图的重要责任。运营控制中心根据业务性质的不同来设置不同的调度工作岗位，通常设置的岗位有行车调度员、客运调度员、电力调度员、环控调度员和设备维修调度员等岗位。值班调度主任（主管）是调度班组工作的领导者，在值班中接受控制中心主任的领导，负责统一指挥及协调各调度工种及车站、车辆段（停车场）等相关人员的工作，并处理运营过程中出现的各种故障和事故。

行车调度员如何开展日常的行车组织工作？电力调度员如何配合行车调度员的日常行车组织工作？环控调度员的日常工作都有哪些？值班调度主任（主管）的作用是什么？

本模块将从城市轨道交通调度指挥机构及模式、城市轨道交通行车调度工作、城市轨道交通电力调度工作、城市轨道交通环境控制调度工作四个方面进行介绍。

学习目标

1. 知识目标

1）了解城市轨道交通调度指挥机构及模式。

2）掌握调度设备的功能、状态及行车调度工作的基本内容。

3）熟悉运营前后正线的停、送电作业要求。

4）熟悉正常情况下的环控通风作业及非正常情况下的环控通风作业。

2. 能力目标

1）能掌握城市轨道交通调度指挥机构各岗位的工作职责。

2）能描述调度设备的功能及状态。

3）能掌握行车调度工作的基本内容。

4）能描述运营前后正线的停、送电作业要求。

5）能掌握正常情况下的环控通风作业操作流程及非正常情况下的环控通风作业操作流程。

3. 素质目标

1）认识到城市轨道交通行车调度员、城市轨道交通电力调度员、城市轨道交通环控调度员在城市轨道交通行车组织中的重要作用。

2）具备在日常工作中应有的严谨工作态度，确保城市轨道交通安全，完成乘客运输计划，高质量兑现列车运行图。

课题一 城市轨道交通调度指挥机构及模式

课题目标

1. 熟悉调度工作的作用与任务。
2. 掌握调度指挥机构。
3. 了解行车调度工作人员应具备的基本条件。
4. 熟悉行车指挥设备。
5. 了解调度指挥原则。

城市轨道交通调度是城市轨道交通日常运输组织的指挥中枢。城市轨道交通行车组织工作，以安全运送乘客、满足设备维护为需要，在遵照列车运行图要求的基本前提下，实现安全、准点、舒适、快捷的运营服务宗旨。各相关单位和部门必须在集中领导、统一指挥的原则下，紧密配合、协调动作，确保行车和乘客的安全，完成各项工作任务。

一、调度工作的作用与任务

1. 调度工作的作用

调度是轨道交通运输企业日常组织行车工作的指挥中枢，担负着组织行车、提高运营服务质量、确保运输安全、完成乘客运输计划、兑现列车运行图指标的重要责任，它对城市轨道交通日常工作的开展起着决定性的作用。

城市轨道交通的日常运输组织工作就是统称的运营调度工作。运营调度工作由调度控制中心实施，实行集中领导、统一指挥、逐级负责的原则，以使各个环节紧密配合、协同动作，从而保证列车安全、正点地运行。

2. 调度工作的任务

列车运行调度的主要任务是科学地组织客流，经济合理地使用车辆及其他运输设备，挖掘运输潜力，根据列车运行图和每日的具体状况，组织与运输相关的各部门密切配合，采用相应的调整措施，努力完成运输生产任务，以满足乘客出行的需要，更好地服务于城市人民的生活。

二、调度指挥机构

为了有序组织运输生产活动并对运输生产活动进行统一指挥和有效监控轨道交通系统，城市轨道交通企业设立了调度机构，即运营控制中心（Operation Control Center，简称 OCC），并根据运输生产活动的性质设置不同的调度工种，实行分工管理。城市轨道交通调度机构的生产组织系统中，常设有行车调度员、电力调度员和环控调度员等调度工种，如图 1–1 所示。

1. 指挥机构

运营指挥分为一级、二级两个指挥层级，二级指挥服从一级指挥。一级指挥的岗位主要有行车调度员（简称行调）、电力调度员（简称电调）、环控调度员（简称环调）。二级指挥的岗位主要有车站值班站长、车辆段（停车场）控制中心（Depot Control Center，简称“DCC”）检修调度员、车辆段（停车场）控制中心车场调度员。各级指挥要根据各自职责和任务独立地开展工作，并服从 OCC 值班主任的总体协调和指挥。

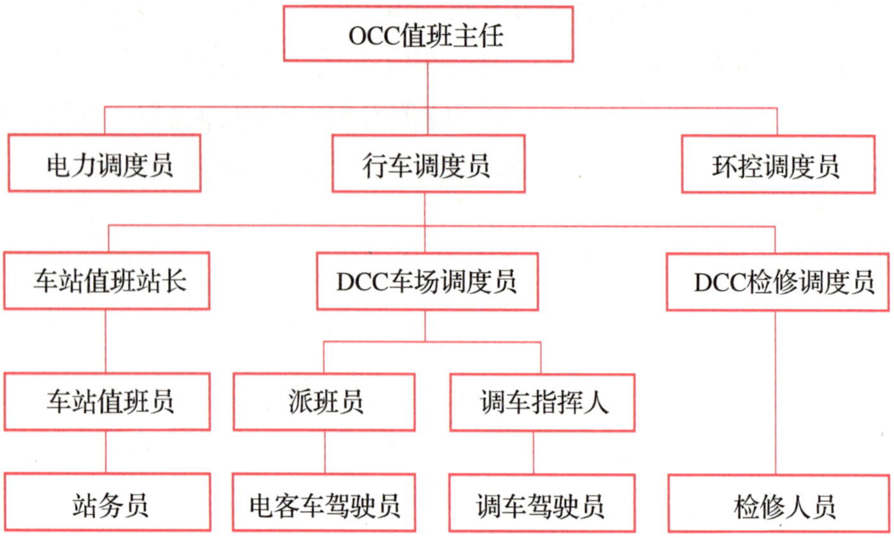

图 1-1 调度指挥系统结构

2. 各类调度与车站指挥的工作关系

正线的行车工作由行车调度员统一指挥，车辆段内的车列运行由 DCC 车场调度员统一指挥，载客电客车的开行由驾驶员负责指挥，配有调车指挥人的调车工作由调车指挥人负责指挥，配有车长的工程车开行由车长负责指挥，系统采用“中控”模式时由行车调度员直接指挥，但转为“站控”模式时，该联锁区域由集中站的车站值班员统一指挥。

发生行车设备故障后，报告处理的流程按《运营总部生产管理规定》执行。

3. 控制中心职责

1）全面负责控制中心的安全、运营及管理的各项工作，建立、健全各项规章制度，处理行车工作中发生的一切问题。

2）制订控制中心的年度及月度工作计划和实施办法，定期检查、分析、总结计划完成情况，并向指挥调度中心经理汇报。

3）定期对调度人员进行业务、安全培训，监督员工工作表现，对员工进行月度和年终评估，有权处理调度人员在执行各项规章制度中发生的问题。

4）贯彻执行《运营时刻表》和《施工计划》，确保运营工作安全、有序，及时向公司领导及其他部门通报运营信息。

5）协调公司内部有效资源，迅速、有效处理事故及突发事件，分析事故、突发事件，制订事故处理方案，组织事故救援演练。

6）对本部门工作的改进有建议权。

4. 行车调度员职责

1）在值班主任的领导下，与电力调度员密切配合，共同完成运营组织工作。

2）认真监视列车运行、设备运转状态，严格按《运营时刻表》和相关规章，组织列车安全正点运行，确保运营工作正常进行。

3）审核所有线路占用、施工计划及临时性生产任务等情况。

4）根据《运营时刻表》及值班主任制定的列车调整方案，及时、准确地下达控制指令，监视列车运行及设备运转情况，记录列车到发时刻，铺画列车运行图。

5）当列车运行秩序紊乱时，配合值班主任采取调整措施，尽快恢复运行秩序。

6）听取设备状况报告，及时通报设备故障情况，遇控制中心设备故障或其他原因不能实现中心控制时，须及时报控制中心主任，将控制权下放车站，控制权下放后，须监护车站办理情况。

7）执行各类突发事件处置方案及施工组织方案。

8）搜集填写运营工作有关数据，总结每日运营生产工作质量。

9）对控制中心工作的改进有建议权。

三、行车指挥设备

1. 信号设备

信号系统由列车自动控制（Automatic Train Control，ATC）系统、列车自动监控（Automatic Train Supervision，ATS）系统、计算机联锁（Computer Based Interlocking，CBI）系统、数据通信系统（Data Communication System，DCS）和维护管理系统（Maintenance Management System，MMS）组成。其中，正线正方向、辅助线、出（入）车辆段线的正反方向为基于通信的列车自动控制（Communication based Train Control，CBTC）系统覆盖区域，系统可提供CBTC移动闭塞和后备的计算机联锁（Computer Interlocking，CI）自动闭塞两种行车模式，以及控制中心集中控制、站控和紧急站控三种控制方式。

列车自动监控系统是调度指挥工作人员使用的重要设备，主要通过该设备实现对列车运行的监督和控制，包括列车运行情况的集中监视、自动排列进路、列车运行自动调整、自动生成时刻表、自动记录列车运行的实迹、自动进行运行数据的统计、自动生成报表以及自动监测设备的运行状态等，辅助调度人员对全线列车进行管理。

2. 通信设备

通信设备包括调度电话、无线列车调度电话及程控电话等。其中，调度电话、无线列车调度电话是行车指挥工作的专用通信工具；程控电话是联系行车指挥工作的辅助通信工具。

3. 其他辅助设备

其他辅助设备主要包括公共广播设备（Public Address，PA）、闭路电视监视设备（Closed Circuit Television，CCTV）和打印机。

1）公共广播设备能对各站的站台及在正线上运行的列车进行广播，该广播的优先级高于车站广播的优先级和列车广播的优先级。

2）闭路电视监视设备是观察车站客流、列车在站通过及到发情况的设备。

3）打印机是输出有关行车记录、信息及报告的设备。

四、调度指挥原则

1. 安全生产原则

在列车运行调度指挥工作中，必须坚持安全生产的原则，正确指挥列车运行。当获知有关危及列车运行安全的信息时，要及时、正确、妥善地处理，以保障列车的安全为重点，组织列车安全运行。

2. 按图行车原则

列车正点率是轨道交通运输产品质量的重要技术指标，也是城市轨道交通运输组织管理水平的综合反映。只有按图行车，才能保持正常的运输秩序，进而保证列车的正点率。

3. 统一指挥原则

轨道交通行车工作是由多部门、多单位及多工种相互联系、相互配合而所形成的一个完整的大系统。轨道交通行车调度员是为适应轨道交通行车特点而设置的轨道交通行车工作的统一指挥者。在列车运行调度工作中，与行车有关的人员，必须服从所在区段当值行车调度员的集中统一指挥，其他任何人（包括各级领导和主管领导）不得发布与行车有关的命令和指示。

4. 下级服从上级原则

在列车运行调整过程中，必须严肃调度纪律，下级指挥必须服从上级指挥，行车调度员必须听从值班主任的指挥，行车值班员必须听从行车调度员的指挥。对不认真执行调度命令和行车指示而造成影响列车运行的人员，要追究其责任，严肃处理。

5. 按等级调整原则

行车调度员要按列车运行图来指挥列车运行，当列车运行不能满足运行图的运行要求时，应遵循列车的性质及用途进行调整。除特殊情况外，应遵循先高等级、后低等级的原则。通常情况下，城市轨道交通列车的从高到低的等级顺序为客运列车→调试列车→回空列车→其他列车。遇救援列车和抢险列车时，应优先开行。对特殊指定的列车，应按其规定执行。

思考与练习

一、填空题

1. 在日常运输生产过程中，为了保证完成乘客运输计划，实现列车运行图，必须进行一系列的日常运输组织工作，城市轨道交通的日常运输组织工作就是统称的＿＿＿＿＿工作。

2. 运营调度工作由调度控制中心实施，实行集中领导、统一指挥、＿＿＿＿＿的原则，以使各个环节紧密配合、协同动作，从而保证列车安全、正点地运行。

3. 为了有序组织运输生产活动并对运输生产活动进行统一指挥和有效监控轨道交通系统，城市轨道交通企业设立了调度机构，即＿＿＿＿＿。

4. 车辆段（停车场）控制中心的简称是＿＿＿＿＿。

5. ＿＿＿＿＿是联系行车指挥工作的辅助通信工具。

二、单项选择题

1. 在以下选项中，（　　）属于二级指挥的岗位。

A. 行车调度员　　B. 环控调度员　　C. 电力调度员　　D. 车场调度员

2. 正线的行车工作由（　　）统一指挥。

A. 行车调度员　　B. 驾驶员　　C. 车站值班员　　D. 车场调度员

三、判断题

1. 电力调度员（简称电调）属于城市轨道交通一级指挥的岗位。（　　）

2. 车辆段内的车列运行由行车调度员统一指挥。（　　）

3. 配有车长的工程车开行由工程车驾驶员负责指挥。（　　）

4. 无线列车调度电话是行车指挥工作的辅助通信工具。（　　）

课题二　城市轨道交通行车调度工作

课题目标

1. 了解调度机构。
2. 熟悉行车调度员应具备的素质和岗位要求。
3. 掌握调度设备的组成及作用。
4. 熟悉行车调度工作的基本内容。

运营控制中心是城市轨道交通企业日常运输组织的指挥中枢，担负着组织行车、提高运营服务质量、确保运输安全、完成乘客运输计划、实现列车运行图的重要责任，它对城市轨道交通日常工作的开展起着决定性的作用。

一、调度机构

调度控制中心实行分工管理模式，根据业务性质的不同来设置不同的调度工作岗位，通常设置有行车调度员、客运调度员、电力调度员、环控调度员和设备维修调度员等岗位。各轨道交通企业可根据自己的具体情况及管理模式设置不同的调度工作岗位，但在控制中心一般都设置行车调度员、环控调度员、电力调度员等调度工种。

值班调度主任（主管）是调度班组工作的领导者，在值班中接受控制中心主任的领导，负责统一指挥及协调各调度工种及车站、车辆段（停车场）等相关人员的工作，并处理运营过程中出现的各种故障和事故。

行车调度员是一个调度区段行车工作的指挥者，负责监控列车的运行状况，及时掌握列车运行的到发情况，发布调度命令，检查各车站（车辆段、停车场）执行和完成行车计划的具体情况；在列车晚点或事故时，组织和指挥车站工作人员、列车乘务员以及相关的各个部门及时采取相应措施，尽快恢复列车运行，减少运营损失。

环控调度员主要监控通风空调、给排水等与列车运行环境相关的各种设备，及时调节所管辖区段内的空气温度、空气湿度、空气流动的速度、空气含尘量等各种参数，保证环境质量，满足乘客的出行需要。

电力调度员主要监控变电所、接触网等与供电相关的各种设备，及时采集各种数据，保证各个车站及列车供电的可靠性与安全性。

二、行车调度员的岗位要求

在各种调度岗位中，行车调度员是运输调度工作的核心工种，担负着指挥列车运行、贯彻安全生产、实现按图行车、完成运输计划的重要任务。行车调度员是列车运行的组织者和指挥者，其基本的岗位要求如下：

1）组织指挥各部门、各工种严格按照列车运行图的规定和要求行车。

2）组织列车到发和途中运行，监控列车和设备运转的状况。

3）根据客流变化，及时调整列车的开行计划。

4）列车晚点或运行秩序紊乱时，通过自动或人工进行列车运行调整，尽快恢复按图行车。

5）发生行车事故时，按照规定立即向上级和有关部门报告，迅速采取救援措施，最大限度地减少人员伤亡，降低事故损失，防止事故升级，及时恢复列车的正常运行。

6）安排各种检修施工作业，组织施工列车开行。

三、调度设备的组成及作用

城市轨道交通系统犹如一个大联动机，是运输有关的设备、人员紧密联系、协同动作的一个庞大的系统性工程。行车调度员是这个系统的指挥官，他能否熟练使用设备，是否熟悉现场设备，对整个系统的运行成功与否起着非常重要的作用。一般情况下，城市轨道交通都设有调度控制中心（或称调度中心），并应有以下设备：调度监督、调度集中、行车指挥自动化、列车运行图自动铺画、传真、通信记录、无线列调系统及调度命令无线传输设备。同时在调度控制中心应备有相关的行车调度规章制度汇编，如《行车组织规则》《行车调度规则》《突发事件应急处置规则》等，配备调度指挥使用的有关调度命令格式、电报、列车运行图、管辖线路各站平面示意图、接触网供电系统及信号、联锁、闭塞设备等有关资料。

1. 调度设备的功能与状态

（1）综合显示屏

城市轨道交通控制中心一般装有集行车、供电及环控为一体的中央监控终端设备——综合显示屏，它能够显示现场（含车站及车辆段）设备的使用和占用情况，包括列车的运行状态、供电系统情况和车站环控设备的工作情况，其在控制中心的布局如图 1-2 所示。综合显示屏主要显示有关行车的信息，如轨道电路、线路、信号平面布置、各站及区间的线路布置、列车车次及其运行状态等。

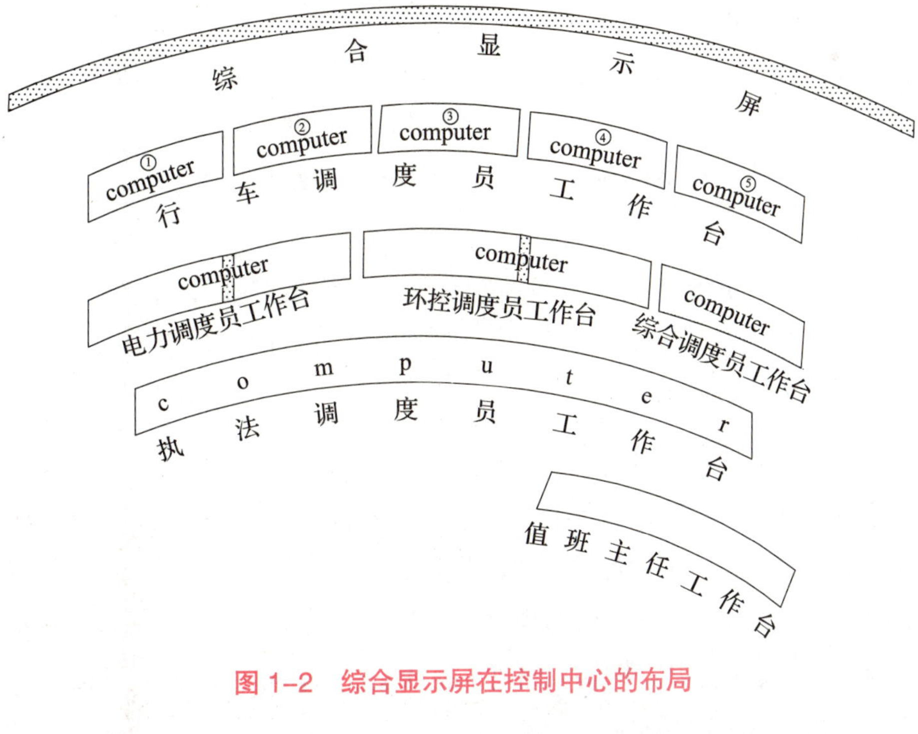

图 1-2　综合显示屏在控制中心的布局

（2）监视器

在控制中心内，综合显示屏可供所有在场人员监视。按各工作台设备功能的不同，控制中心的工作台分别设置了列车自动控制系统、自动售检票终端监控系统、通信系统、电力监控系统及防灾报警系统等操作设备，供有关人员监察城市轨道交通日常作业、操控故障及处理事故。行车调度员配备若干监视终端和一个操作盘，通过监视器可以监视各车站的运作情况，可对各车站的站台、站厅进行图像监视，可对监视图像进行切换，也可对监视的对象进行录像。

（3）通信设备

1）调度电话。

调度电话是为列车运行、电力供应、施工维修及发布命令等提供联络的专用通信工具，包括调度直通电话和公务电话等。

调度控制中心设置防灾调度、行车调度及电力调度等直通电话。调度直通电话具有单呼、组呼、全呼、紧急呼叫和录音等功能。

调度控制中心的公务电话系统通常采用在控制中心配置具有远端模块的数字程控交换机，在其他部门（如各车站）分别设置一个远端模块的模式，交换机和远端模块之间采用数字中继接口，通过光纤传送系统进行连接，实现与其他部门的通信；公务电话系统具有电话会议、来电显示、呼叫转移等功能。

2）无线调度电话。

值班调度主管工作台及行车调度员工作台均需设置无线调度台（互为备用），可对列车驾驶员、站场无线工作人员实施无线通信，该设备具有组呼、紧急呼叫、私密呼叫及对列车进行广播等功能。

调度控制中心配备多部手持台，作为无线调度台故障时的备用设备，分为车站台、维修台及电力调度台等，在日常交接班时需保持手持台处于良好状态。

3）中央广播系统。

中央广播系统包括值班调度主管广播控制台、行车调度广播控制台及电力调度广播控制台，该系统可对各车站、停车场（车辆段）等相关单位进行广播，具有人工广播和自动广播两种模式且可指定广播区域。

2. 控制中心 ATS 系统调度工作站的使用

控制中心 ATS 系统主要实现信号设备与列车运行的远程监督及控制功能，在此基础上提供列车信息管理和基于预定行车计划的自动运行调度及调整，以减轻行车调度员的劳动强度，提高工作效率。ATS 系统提供与监控及数据采集（Supervisory Control and Data Acquisition，SCADA）系统、火灾报警系统（Fire Alarm System，FAS）、无线调度、环境及设备监控系统（Building Automatic System，BAS）等系统的接口，整合这些外部系统的信息数据，同时向这些系统提供必要的信号及列车运行相关信息。

（1）ATS系统的用户操作终端分类

ATS系统的用户操作终端可分为以下两类：

1）ATS工作站。

ATS工作站安装于控制中心调度大厅，它包括具有控制现场信号的设备及查看运营状况的各类工作站（如调度主任工作站、调度员工作站、维护员工作站、培训工作站、时刻表编辑工作站、网管工作站）。

2）ATS终端。

ATS终端共有四台，分别安装于车辆段（停车场）信号楼值班室（两台）和派班室（两台）。两台ATS终端服务器同时工作，互为主备；当其中一台服务器出现故障时，该服务器自动切换到另一台服务器上，一些关键性的数据（如计划运行图、实绩运行图等）在两台服务器之间保持实时同步。

（2）ATS工作站操作

在ATS工作站上，行车调度员可用鼠标进行操作。在站场图上选中某个对象（如道岔、轨道区段、信号机、列车识别号等），单击鼠标右键，将弹出该对象的功能菜单，列出该对象可以执行的操作命令。为了在屏幕上选择一个车站作为操作对象，移动鼠标指针到所选车站的站名处，单击鼠标左键，该车站将自动弹出功能菜单，选中相关操作命令便可执行相应操作。

在ATS系统中，行车调度员也可用键盘进行操作，直接输入文字和数字。

ATS工作站的主体界面一般为线路信号模拟图，不同厂商设计的软件系统不尽相同。通常主界面的菜单栏一般会设置不同的功能菜单项，供行车调度员监控列车和信号使用。菜单项一般包括文件、查看、信号控制、报表等内容，这里主要介绍以下几种常见功能：

1）查看。

主界面“查看”菜单中可以选择行车调度员指挥所需要的各种静态信息。

在站场图显示模式下，界面将显示线路信号设备状态，可通过菜单内的命令控制显示或隐藏有关车站名、信号机编号、轨道编号、道岔编号、列车折返点目的地号码等信息。

在运行图显示模式下，界面将显示运行图主界面。

2）信号控制。

主界面“信号控制”菜单可用于选择行车调度员在行车指挥过程中所需要的各种信号控制命令。现就跳停、扣车、提前发车、停站时间等几种列车运行调整中常用的操控方法作介绍如下：

①跳停。跳停是用来控制列车在某个站台不停车而直接通过的命令，一般只在线路正方向上设置有效。对于需要跳停某站的列车，一般需要于列车尚未在上一站发车前完成相应设置。届时，设置的命令才能发送给列车。如果设置跳停命令时，列车已从上一站台发车，那

么该列车在设置跳停的车站仍然会正常停站，但该跳停命令将对下一列车有效。

跳停设置的方法是在“信号控制”菜单内选择设置跳停的命令，在弹出跳停设置对话框后，选择要设置跳停的车站站台，执行“确认”即可。跳停设置成功后，设置跳停的车站站台颜色将会发生变化。例如变为蓝色，提示行车调度员该站处于跳停状态。

若要取消某站已设置的跳停功能，可在“信号控制”菜单里选择取消跳停的命令来实现，操控方式与设置跳停类同。跳停取消成功后，站台将恢复到正常状态的颜色。

②扣车。扣车功能用于指示列车不能在站台发车而将列车扣留在站台。对站台设置扣车后，发车表示器将不显示发车信号（或显示扣车信号），列车不能发车，直到取消扣车设置。

扣车命令的设置方法也是在“信号控制”菜单内选择，在弹出扣车设置对话框后选择要设置扣车的车站站台，确认执行即可。

当扣车命令执行成功后，站台的显示状态也将发生变化。如显示闪动的黄色，提示行车调度员该车站已成功设置了扣车。在扣车设置对话框中，除了可对一个站台设置扣车外，还支持对“上行全线”或“下行全线”所有站台设置扣车命令。

若要取消已设置的扣车命令，其操作方式与设置扣车类似。取消扣车成功后，站台将恢复正常的颜色。

③提前发车。提前发车功能用来指示站台上的列车立即发车。发出提前发车命令后，站台的发车表示器将提前开放发车信号，通知驾驶员立即发车。

提前发车的设置方法是从“信号控制”菜单中选择提前发车命令，在弹出的提前发车对话框中，选择需要设置的站台，后确认执行。

在提前发车的对话框中，除了对单个车站设置提前发车外，还支持对“上行全线”或“下行全线”的所有站台快速设置提前发车命令。

④设置停站时间。设置停站时间是用于改变车站所应用的列车运行图规定的停站时间，其设置方法为：在“信号控制”菜单内选择停站时间命令，弹出设置对话框后，选择要设置的站台，确认执行即可。在设置停站时间对话框中，支持“自动”和“全人工”两种模式。在“自动”模式下，停站时间由 ATS 系统根据运行计划、列车实际运行情况与计划运行时间偏离的程度自动调整停站时间；在“全人工”模式下，按人工输入的固定停站时间来控制列车的停站。人工设置的停站时间会显示在主界面的站台旁边，直到重新修改该站的停站时间或恢复为“自动”模式。

四、行车调度工作的基本内容

行车调度工作是指在运营时间内采用基本列车运行控制方式和基本行车闭塞法模式下的列车运行组织工作，包括运营前的准备工作、列车出入场（库）作业、运营过程中的调度指挥工作、运营结束后的收尾工作和施工前的准备工作等环节，具体如下：

1. 运营前的准备工作

1）在每日运营前，行车调度员均要与车站值班员确认线路上所有施工检修作业已经完成、注销，线路空闲，无异物侵限。

2）根据运营计划，与车辆段（停车场）值班员核对运行图，当日运行的列车数应符合运营计划的要求。

出场列车需具备以下条件：

①列车无线电话和车厢广播设备使用功能良好。

②车载列车自动控制设备日检正常、铅封良好。

③车辆设备良好。

每日运营前，ATS 系统需具备以下条件：

①中央工作站表示正确且一致。

②所有集中站处于中控状态。

③方向开关、道岔位置及信号表示正确。

④确认各终端站折返的主用模式。

⑤确认系统的调整方式。

⑥消除报警窗内所有的无效报警。

⑦建立并确认计划时刻表。

3）每日运营前应确保接触网系统、消防环控系统、通信信号系统等与列车运营相关的设备状况良好。

4）每日运营前，各车站及信号楼应按规定做好各项运营准备工作，所有运营有关值班人员应到岗，检查、确认无任何异常情况。

5）每日运营前，行车值班员、运转值班员等相关运营人员应主动与行车调度员校对以控制中心 ATS 钟点为标准的钟表时间（ATS 钟点应与北京时间保持一致），列车驾驶员应在出乘报到时向运转值班员校对钟表时间。

2. 列车出入场（库）作业

（1）列车出场

出场列车为中央级列车自动监控系统所确认的计划列车。需先确定列车的出场径路以及进入运营系统的车站，然后列车经出场线（入场线）出场，驾驶员凭出场信号机显示的绿色灯光开出车场。列车在出入场无码区按慢速（20 km/h）运行，在进入有码区前应一度停车，待设置好车次号及接收到速度码后，列车以自动驾驶方式或列车自动防护方式投入线路运营。如遇特殊情况，列车可凭行车调度员下达的调度命令投入运营。

（2）列车回库

入场列车为中央级列车自动监控系统所确认的计划回库列车。列车入场原则上由入场线开往车辆段（停车场），图定列车或经由行车调度员准许的入场列车，可由出场线运行至车辆段（停车场）。入场列车在有码区按 ATP（Automatic Train Protection，列车自动防护）系统在人工驾驶模式下运行，在入库线的无码区按慢速（20 km/h）行车方式限速运行，驾驶员凭入场信号机显示的黄色灯光进入车辆段（停车场）内。

3. 运营过程中的调度指挥工作

列车进入正线运营后，行车调度员必须时刻关注列车的运行动态，确保安全、正常运行。正常情况下的列车运行组织主要有以下两种方式：

（1）调度监督下的调度指挥

调度监督是行车调度员能监视现场设备和列车运行状态，但不能直接进行控制的一种远程监督模式。调度监督下的列车运行组织通常是地铁新线路在信号系统尚未安装的情况下投入运营时所采用的一种过渡期内的调度指挥方式。为了实现调度监督，除在控制中心安装显示屏等设备外，还需在车站安装行车控制台、道岔局部控制设备及出站信号机等临时设备。

在实施调度监督时，双线自动闭塞为基本闭塞法。在调度监督情况下，由行车值班员排列列车进路，开闭出站信号，行车调度员通过显示屏监督线路上各车站信号机的开闭显示、区间闭塞情况和列车运行状态等，组织指挥列车运行。

为了实现按图行车，行车调度员要尽力组织列车正点运行，组织列车正点始发是列车正点运行的基础。对于始发列车，行车调度员应具体掌握列车出库、折返和客流异动等方面情况，以便组织列车正点始发。

列车在始发站正点始发的情况下，由于途中运缓、作业延误或设备故障等原因，难免会出现运行晚点的情况。行车调度员应根据实际情况，及时采取有效的调整措施，尽可能地使晚点列车恢复正点运行或将列车运行的晚点程度向正点运行方向推进。

（2）行车指挥自动化下的调度指挥

行车指挥自动化是利用计算机控制调度集中设备，指挥列车运行的一种自动远程调度指挥方式。在行车指挥自动化时，自动闭塞为基本闭塞法。

行车指挥自动化的基本功能如下：

1）由基本列车运行图或计划列车运行图自动生成实绩列车运行图。

2）自动控制或人工监督控制各管辖车站的信号机、道岔及排列接发车进路。

3）跟踪正线列车运行的信息（如列车识别号、正晚点情况）。

4）显示沿线各车站进路占用情况。

5）自动或人工进行列车运行调整。

6）自动绘制实绩列车运行图。

7）自动生成运营统计分析报告。

控制中心的中央 ATS 系统通常储存多套基本列车运行图，经过加开或停运等修改的列车运行图称为计划列车运行图。实际列车运行图是当日列车运行的实际情况，由基本列车运行图或计划列车运行图生成。行车调度员通过显示屏与工作站显示器准确掌握线路上列车的运行和分布情况、信号机的显示状态及道岔的开通位置等。行车调度员也可应用人工控制功能，通过工作站终端键盘输入各种控制命令，控制管辖区域内的信号机、道岔及排列列车进路，进行列车运行组织。

4. 运营结束后的收尾工作和施工前的准备工作

运营结束后，首先要核对所有运营列车及备用列车离开运营正线，确保正线线路空闲。

日常的养护维修和施工作业，原则上利用非运营时间进行。作业单位应提前提出施工计划报运营部，经运营部安排后以检修施工通告的形式下达给有关车站、车辆段（停车场）或总调度所及作业单位。施工前，调度员对当晚的行车、电力、工务和环控等方面的施工进行核对，落实具体的施工计划和责任人等安全细则。

日常的养护维修和施工作业负责人应充分做好一切准备，按批准的检修施工计划，提前在相关车站进行检修施工登记，通过行车值班员向行车调度员申请作业，行车调度员应保证施工作业时间并向有关车站、单位及施工作业负责人发出实际作业命令。施工作业负责人确认施工的内容及起止时间后，在设置好停车防护后才可开工，保证在规定的时间内完成相应作业。经检验设备使用性能良好后，通过行车值班员报告行车调度员申请开通区间，由总调度所下达注销命令号码。如不能在规定的时间内完成施工作业，应在规定的施工截止时间前30 min与总调度所取得联系，在得到批准后方可延长作业时间。

思考与练习

一、填空题

1. __________（主管）是调度班组工作的领导者，在值班中接受控制中心主任的领导。

2. 行车调度员是一个__________行车工作的指挥者，负责监控列车的运行状况，及时掌握列车运行的到发情况，发布调度命令，检查各车站（车辆段、停车场）执行和完成行车计划的具体情况。

3. __________主要监控通风空调、给排水等与列车运行环境相关的各种设备，及时调节所管辖区段内的空气温度、空气湿度、空气流动的速度、空气含尘量等各种参数，保证环境质量，满足乘客的出行需要。

4. 调度直通电话具有单呼、组呼、__________、紧急呼叫和录音等功能。

二、单项选择题

1. 扣车命令的设置方法是在（　　）菜单内选择，在弹出扣车设置对话框后选择要设置扣车的车站站台，确认执行即可。

A. 查看　　B. 文件　　C. 报表　　D. 信号控制

2. ATS 工作站的主界面（　　）菜单中可以选择行车调度员指挥所需要的各种静态信息。

A. 查看　　B. 文件　　C. 报表　　D. 信号控制

三、判断题

1. 跳停设置成功后，设置跳停的车站站台颜色不会发生变化。（　　）

2. 当扣车命令执行成功后，站台的显示状态不会发生变化。（　　）

3. 公务电话系统不具有呼叫转移功能。（　　）

4. 人工设置的停站时间会显示在主界面的站台旁边，直到重新修改该站的停站时间或恢复为“自动”模式。（　　）

课题三　城市轨道交通电力调度工作

课题目标

1. 了解电力调度工作及岗位要求。
2. 掌握运营前后正线的停、送电作业要求。
3. 掌握运营过程中正线接触轨（网）临时停、送电作业。

一、运营前后正线的停、送电作业要求

1. 运营开始前的送电作业

送电作业由行车调度员与电力调度员配合完成。运营开始前，车辆段（停车场）内应首先完成接触轨（网）的送电工作，以满足车辆段（停车场）内运用车的整备、调试和列车出段工作。正线施工作业项目全部完成注销后，按规定的时间向正线接触轨（网）进行送电作业，以满足列车上正线运营的需要。车辆段（停车场）内的接触轨（网）送电工作由信号楼向控制中心行车调度员提出申请，运营正线的接触轨（网）送电工作由行车调度员向电力调度员提出申请。

（1）车辆段（停车场）接触轨（网）的送电作业

车辆段（停车场）接触轨（网）的送电作业基本流程如表 1-1 所示。

表 1-1 车辆段（停车场）接触轨（网）的送电作业基本流程

序号	作业项目	车辆段（停车场）信号楼值班员	行车调度员	电力调度员
1	申请送电	通过调度电话向行车调度员提出申请：× 点 × 分，×× 车辆段（停车场）接触轨（网）申请送电，值班员 ××		
2		填写停、送电登记本	行车调度员接到送电申请，复诵：× 点 × 分，×× 车辆段（停车场）接触轨（网）申请送电，行车调度员 ××	
3			填写停、送电登记本	
4			通过调度电话向电力调度员提出申请：× 点 × 分，×× 车辆段（停车场）接触轨（网）申请送电，行车调度员 ××	
5				接到行车调度员的申请后，复诵：× 点 × 分，×× 车辆段（停车场）接触轨（网）申请送电，电力调度员 ××
6				填写停、送电登记本
7	送电			通过 SCADA 系统完成送电
8	送电完毕			通过调度电话向行车调度员通报：× 点 × 分，×× 车辆段（停车场）接触轨（网）送电完毕，电力调度员 ××
9			接到电力调度员的通知后，复诵：× 点 × 分，×× 车辆段（停车场）接触轨（网）送电完毕，行车调度员 ××	填写停、送电登记本
10		接到行车调度员的送电通知后，复诵：× 点 × 分，×× 车辆段（停车场）接触轨（网）送电完毕，值班员 ××	填写停、送电登记本	
11		填写停、送电登记本		

（2）运营正线接触轨（网）的送电作业

运营正线接触轨（网）送电作业的基本流程如表 1–2 所示。

表 1–2　运营正线接触轨（网）送电作业的基本流程

序号	作业项目	行车调度员	电力调度员
1	申请送电	通过调度电话向电力调度员提出申请：× 点 × 分，正线接触轨（网）申请送电，行车调度员 ××	
2		填写停、送电登记本	接到行车调度员的申请后，复诵：× 点 × 分，正线接触轨（网）申请送电，电力调度员 ××
3			填写停、送电登记本
4	送电		通过 SCADA 系统完成送电
5	送电完成		通过调度电话向行车调度员通报：× 点 × 分，正线接触轨（网）送电完毕，电力调度员 ××
6		接到电力调度员的送电通知后，复诵：× 点 × 分，正线接触轨（网）送电完毕，行车调度员 ××	填写停、送电登记本
7		填写停、送电登记本	

2. 运营结束后的停电作业

运营结束后，应对正线和车辆段（停车场）的接触轨（网）进行停电作业。

（1）运营正线接触轨（网）的停电作业

正线接触轨（网）的停电作业应在载客电客车全部回车辆段（停车场）后（或根据当晚运营结束后的行车计划及施工安排适时）由行车调度员按照规定的时间向电力调度员提出。

运营正线接触轨（网）的停电作业基本流程如表 1–3 所示。

表 1–3　运营正线接触轨（网）的停电作业基本流程

序号	作业项目	行车调度员	电力调度员
1	申请停电	通过调度电话向电力调度员提出申请：× 点 × 分，正线接触轨（网）申请停电，行车调度员 ××	
2		填写停、送电登记本	接到行车调度员的申请后，复诵：× 点 × 分，正线接触轨（网）申请停电，电力调度员 ××
3			填写停、送电登记本

续表

序号	作业项目	行车调度员	电力调度员
4	停电		通过 SCADA 系统完成停电
5	停电完成		通过调度电话向行车调度员通报：× 点 × 分，正线接触轨（网）停电完毕，电力调度员 ××
6		接到电力调度员的停电通报后，复诵：× 点 × 分，正线接触轨（网）停电完毕，行车调度员 ××	填写停、送电登记本
7		填写停、送电登记本	

（2）车辆段（停车场）接触轨（网）的停电作业

车辆段（停车场）接触轨（网）的停电作业应在列车进入停留库线停妥后（或根据车辆段（停车场）的行车计划及施工安排适时）由车辆段（停车场）信号楼值班员按照规定的时间向行车调度员提出。

车辆段（停车场）接触轨（网）的停电作业基本流程如表 1–4 所示。

表 1–4　车辆段（停车场）接触轨（网）的停电作业基本流程

序号	作业项目	车辆段（停车场）信号楼值班员	行车调度员	电力调度员
1	申请停电	通过调度电话向行车调度员提出申请：× 点 × 分，×× 车辆段（停车场）接触轨（网）申请停电，值班员 ××		
2		填写停、送电登记本	行车调度员接到停电申请，复诵：× 点 × 分，×× 车辆段（停车场）接触轨（网）申请停电，行车调度员 ××	
3			填写停、送电登记本	
4			通过调度电话向电力调度员提出申请：× 点 × 分，×× 车辆段（停车场）接触轨（网）申请停电，行车调度员 ××	
5				接到行车调度员的申请后，复诵：× 点 × 分，×× 车辆段（停车场）接触轨（网）申请停电，电力调度员 ××
6				填写停、送电登记本

续表

序号	作业项目	车辆段（停车场）信号楼值班员	行车调度员	电力调度员
7	停电			通过 SCADA 系统完成停电
8	停电完毕			通过调度电话向行车调度员通报：× 点 × 分，× × 车辆段（停车场）接触轨（网）停电完毕，电力调度员 × ×
9			接到电力调度员的停电通报后，复诵：× 点 × 分，× × 车辆段（停车场）接触轨（网）停电完毕，行车调度员 × ×	填写停、送电登记本
10		接到行车调度员的停电通报后，复诵：× 点 × 分，× × 车辆段（停车场）接触轨（网）停电完毕，值班员 × ×	填写停、送电登记本	
11		填写停、送电登记本		

二、运营过程中正线接触轨（网）临时停、送电作业

为保证运营期间正线列车的正常运行，应确保接触轨（网）不间断地供电以满足列车牵引动力的需要。对于接触轨式接触网，列车授电的设备是安装在轨道一侧的第三轨，一旦有人员误入轨道区域或由于设备故障等原因必须安排有关人员进入轨道区域进行一系列作业的情况下，为保证人身安全，必须对相关区域的接触轨（网）进行临时停电作业。待进入轨道区域的人员出清且具备送电条件后，方可对停电区域进行送电作业。

1. 临时停、送电的情况

需要对运营正线接触轨（网）进行临时停、送电的情况如下：

1）有人误入（或有意进入）正线轨道区域。

2）设备故障，抢修人员须进入正线轨道区域进行施工作业。

3）列车故障须在区间进行清客作业。

4）轨道区域出现可能影响行车安全的物品须下线路进行捡拾。

5）因火灾救援需要。

6）其他必要的情况。

2. 临时停电作业

列车被迫停于区间后需对接触轨（网）停电时，应由驾驶员向行车调度员提出申请；车站范围内因临时施工或捡拾物品需要对接触轨（网）停电时，应由相应车站的行车值班员向

行车调度员提出申请。行车调度员接到有关方面的停电申请后，向电力调度员提出停电申请，电力调度员依据申请的范围和时间进行临时停电作业。当行车调度员确认需要对某一区域进行临时停电时，通告相关方面后直接向电力调度员提出办理申请。

正线接触轨（网）临时停电的流程如下：

1）驾驶员（或车站值班员）根据实际情况通过无线调度电台（或调度电话）向行车调度员提出接触轨（网）的停电申请并说明停电的区域和时间。

2）行车调度员接到停电申请后，复诵对方提出的停电区域和时间，确认无误后使用调度电话向电力调度员提出停电申请并在停、送电作业记录本上进行记录。

3）电力调度员接到行车调度员的停电申请后，复诵对方提出的停电区域和时间，确认无误后按照请求的停电区域和时间采用SCADA系统远程操作以实现对相应供电分区的停电作业。

4）停电作业完毕后，电力调度员使用调度电话向行车调度员通报已完成的停电区域和时间并在停、送电作业记录本上进行记录。

5）行车调度员接到电力调度员停电完毕的通知后，复诵对方完成的停电区域和时间，确认无误后使用无线调度电台（或调度电话）向申请人通知停电完毕的区域和时间并在停、送电作业记录本上进行记录。

6）驾驶员（或车站值班员）接到行车调度员停电完毕的通知后，方可办理进入轨道区域的有关作业。

当停电区域作业完成、有关人员和器具出清线路、具备恢复送电的条件后，停电申请人应提出恢复送电的申请。

对于运营中出现的必须立即停电的紧急情况，电力调度员可依据实际情况在未接到行车调度员的申请（或未得到行车调度员同意）的情况下，先行停电再向行车调度员进行通报。

3. 临时送电作业

正线接触轨（网）临时送电的流程如下：

1）具备送电条件后，驾驶员（或车站值班员）根据实际情况通过无线调度电台（或调度电话）向行车调度员提出接触轨（网）送电的申请并说明送电的区域和时间。

2）行车调度员接到送电申请后，复诵对方提出的送电区域和时间，确认无误后使用调度电话向电力调度员提出送电申请并在停、送电作业记录本上进行记录。

3）电力调度员接到行车调度员的送电申请后，复诵对方提出的送电区域和时间，确认无误后按照请求的送电区域和时间采用SCADA系统远程操作以实现对相应供电分区的送电作业。

4）送电作业完毕后，电力调度员使用调度电话向行车调度员通报已完成的送电区域和时间并在停、送电作业记录本上进行记录。

5）行车调度员接到电力调度员送电完毕的通知后，复诵对方完成的送电区域和时间，确认无误后使用无线调度电台（或调度电话）向申请人通知送电完毕的区域和时间并在停、送电作业记录本上进行记录。

6）驾驶员（或车站值班员）接到行车调度员送电完毕的通知后，方可恢复行车工作。

4. 倒闸作业

供电设备在长期运营过程中会不断老化，故需对供电设备进行定期的检测、维护或对有关设备的运行参数进行调整。为调整供电系统各设备的运行状态、运行参数和继电保护定值等，电力调度员需要按照有关规定指挥倒闸作业及调整供电系统的运行方式。

为了适应供电系统运行方式改变的需要，将电气设备由一种运用状态转换到另一种运用状态的作业称为倒闸作业。电气设备的运用状态有运行状态、热备状态、冷备状态和检修状态。要改变电气设备的运用状态，需要操作开关设备来实现。显然，倒闸作业就是包含了一系列的分合断路器、隔离开关、高压熔断器等一次设备的操作。此外，为适应一次设备运行状态的改变，倒闸操作中应明确相应的继电保护及自动装置等二次设备运行状态的相应调整和转换（如继电保护装置的投入或退出、保护定值的调整等）。

在电力调度员管辖设备范围内，有关的倒闸作业在得到电力调度员的命令后方可进行。电力值班人员在得到电力调度员的命令并复诵无误后，再由电力调度员给出命令编号和批准时间。倒闸作业中，命令授受双方均应在认真记录并确认无误（若有疑问，必须问清）后方可执行操作。

（1）倒闸作业的基本方法

倒闸作业的基本方法如表 1–5 所示。

表 1–5　倒闸作业的基本方法

设备状态	倒闸后			
倒闸前	运行	热备	冷备	检修
运行		1. 分开必须断开的断路器 2. 检查所分开的断路器是否在分闸位	1. 分开必须断开的断路器 2. 检查所分开的断路器是否在分闸位 3. 分开必须断开的隔离开关 4. 检查所分开的隔离开关是否在分闸位	1. 分开必须断开的断路器 2. 检查所分开的断路器是否在分闸位 3. 分开必须断开的隔离开关 4. 检查所分开的隔离开关是否在分闸位 5. 封挂地线或合上接地隔离开关 6. 检查合上的接地隔离开关是否在合闸位

续表

设备状态	倒闸后			
倒闸前	运行	热备	冷备	检修
热备	1. 合上必须合上的断路器 2. 检查所合的断路器是否在合闸位		1. 检查所分开的断路器是否在分闸位 2. 分开必须断开的隔离开关 3. 检查所分开的隔离开关是否在分闸位	1. 检查所分开的断路器是否在分闸位 2. 分开必须断开的隔离开关 3. 检查所分开的隔离开关是否在分闸位 4. 封挂临时地线或合上接地隔离开关 5. 检查合上的接地隔离开关是否在合闸位
冷备	1. 检查全部地线 2. 检查断路器是否在分闸位 3. 合上必须合上的隔离开关 4. 检查合上的隔离开关是否在合闸位 5. 合上必须合上的断路器 6. 检查合上的断路器是否在合闸位	1. 检查全部地线 2. 检查断路器是否在分闸位 3. 合上必须合上的隔离开关 4. 检查合上的隔离开关是否在合闸位		1. 检查所分开的断路器是否在分闸位 2. 检查所分开的隔离开关是否在分闸位 3. 封挂临时接地线或合上接地隔离开关 4. 检查合上的接地隔离开关是否在合闸位
检修	1. 拆除所有封挂的地线或拉开接地隔离开关 2. 检查所拉开的接地隔离开关是否在分闸位 3. 检查断路器是否在分闸位 4. 合上必须合上的隔离开关 5. 检查合上的隔离开关是否在合闸位 6. 合上必须合上的断路器 7. 检查合上的断路器是否在合闸位	1. 拆除所有封挂的地线或拉开接地隔离开关 2. 检查所拉开的接地隔离开关是否在分闸位 3. 检查断路器是否在分闸位 4. 合上必须合上的隔离开关 5. 检查合上的隔离开关是否在合闸位	1. 拆除所有封挂的地线或拉开接地隔离开关 2. 检查所拉开的接地隔离开关是否在分闸位 3. 检查断路器是否在分闸位 4. 检查合上的隔离开关是否在合闸位	

倒闸作业要按操作卡片或倒闸表进行。一个变电所一次只能下达一个命令，一个命令只有一个倒闸操作。

如遇危及人身安全或设备安全的紧急情况，电力值班人员可先断开有关断路器和隔离开关后向电力调度员报告情况，但合闸操作必须有电力调度员的命令方能进行。

电力作业涉及重大的人身安全和设备安全。为防止误操作，倒闸作业必须严格执行有关规定，必须严格按照“不能带负荷拉隔离开关，保证人身及设备安全，减小事故范围”的基本原则进行。

停电拉闸操作必须按照“断路器、负荷侧隔离开关、母线侧隔离开关”的顺序操作，送电合闸操作顺序与停电拉闸操作顺序相反。隔离开关与断路器串联时，隔离开关应先合后分；隔离开关与断路器并联时，隔离开关应先分后合。隔离开关无论分闸操作还是合闸操作都应在断路器闭合状态下进行，要保证隔离开关不带负荷操作。当隔离开关带接地刀闸时，送电作业应先断接地刀闸，后合主刀闸；停电作业应先断主刀闸，后合接地刀闸，避免造成接地短路。

（2）倒闸作业的基本程序

1）电力值班人员向电力调度员了解当天倒闸作业的情况及时间。

2）电力调度员在确定某项倒闸作业后，于作业前适当时间通知变电所电力值班人员。

3）电力值班人员按操作顺序在模拟图上进行核对性操作。

4）电力调度员向变电所发布倒闸命令（涉及命令时间、内容、作业卡片编号、发令人姓名），受令人复诵并通报姓名。

5）电力值班人员开始倒闸操作，完成一步便标记一步，做好检查和确认。

6）倒闸操作完成，向电力调度员报告；倒闸作业结束后，对技术设备状况进行复查。

思考与练习

一、填空题

1. 运营结束后，应对__________和车辆段（停车场）的接触轨（网）进行停电作业。

2. 送电作业由__________与电力调度员配合完成。

3. 电气设备的运用状态有运行状态、热备状态、冷备状态和__________。

4. 隔离开关与断路器串联时，隔离开关应__________。

5. 为了适应供电系统运行方式改变的需要，将电气设备由一种运用状态转换到另一种运用状态的作业称为__________。

二、单项选择题

1. 列车被迫停于区间后需对接触轨（网）停电时，应由驾驶员向（　　）提出申请。

A. 电力调度员　　B. 行车调度员　　C. 信号楼调度员　　D. 环控调度员

2. 车站范围内因临时施工或捡拾物品需要对接触轨（网）停电时，应由相应车站的行车值班员向（　　）提出申请。

A. 电力调度员　　B. 行车调度员　　C. 信号楼调度员　　D. 环控调度员

3. 隔离开关与断路器并联时，隔离开关应（　　）。

A. 先分先合　　B. 后分后合　　C. 先分后合　　D. 后分先合

三、判断题

1. 当隔离开关带接地刀闸时，送电作业应先合主刀闸，后断接地刀闸。（　　）

2. 停电作业应先合接地刀闸，后断主刀闸，避免造成接地短路。（　　）

3. 倒闸作业只能按操作卡片进行。（　　）

4. 一个变电所一次只能下达一个命令，一个命令只有一个倒闸操作。（　　）

课题四　城市轨道交通环境控制调度工作

课题目标

1. 掌握正常情况下的环控通风作业。
2. 掌握非正常情况下的环控通风作业。

一、正常情况下的环控通风作业

1. 环控设备的控制方式

正常情况下，环境与设备监控调度工作就是对车站各环控系统的全面管理及控制，实现对车站环境及通风空调的控制，保证城市轨道交通车站及隧道环境达到国家有关规定和标准的要求；做好给排水系统、照明系统、自动扶梯系统、垂直电梯系统和防淹门系统等设备的监控和管理；全面掌握车站机电设备的运行状况，指挥环控系统按计划安全、高效、经济地运行，为乘客提供安全、舒适的乘车环境。

环境及设备监控系统中央工作站是环境与设备监控调度员监控环控系统各种设备运行状况的基本工具。环控系统的主要作用如下：

1）列车正常运行时，保证系统内部的空气环境达到规定标准。

2）列车迫停于隧道区间发生阻塞时，确保隧道区间的空气流通。

3）车站及隧道区间发生火灾时，确保防灾、排烟及通风等功能。

环境与设备监控调度员通过环境及设备监控系统监视车站有关环控设备的运行情况，确保有关设备按系统预设的时间表和运营模式正常运行。同时，环境与设备监控调度员还要密切监视火灾报警系统的运行状态，根据实际情况调整系统的运行模式。

（1）正常运营情况下的通风

根据每日运营前后对车站环境的不同要求，环境与设备监控调度员要对环控系统在不同阶段的运行模式进行监控和调整。

1）运营开始前的隧道通风——每日运营开始前，环控系统可自动启动预设的早间通风模式。环境与设备监控调度员应监视环控系统在此模式下开启的隧道风机，排除隧道内留存一夜的空气。早间隧道通风完毕后，系统应进入白天的正常运行模式。

2）运营进行中的隧道通风——正常运营时，环境与设备监控调度员应监视环控系统按正常的运行模式进行。此时，隧道内的通风主要依靠列车的活塞风，不必启动隧道风机，利用出入口的进风来满足新风需求。若隧道温度过高，环境与设备监控调度员可开启中间风井，采用机械通风对隧道进行降温。

3）运营结束后的隧道通风——运营结束后，环境与设备监控调度员监视环控系统进入晚间通风模式运行。在此过程中，对隧道进行纵向机械通风，以排除隧道内的废气、粉尘、余热和余湿，满足占用线路进行施工作业人员的需求。在环控系统以夜间通风模式运行时，环境与设备监控调度员应根据具体情况决定是否开启风道内的风阀以利用自然通风方式进行通风换气，达到降低运营期间车站的温度及节约能耗的目的。

（2）不同季节的通风

环境与设备监控调度员应根据不同季节的气候特点做好相应的通风工作。

1）春秋季节的通风——春秋季节，早上时间的外温较低，应做好对车站蓄热的利用；中午时间可只开排风机，利用出入口进风；下午时间的外温较高，送风量可设置为全天最大。

2）冬季的通风——冬季应注意利用出入口的自然排风。早、晚时间的外温较低，可只利用列车的活塞风通风；中午时间的外温较高，可根据情况进行小风量的机械通风。

3）夏季的通风——夏季清晨，隧道的外温较低，运营前可采用全新风模式运行通风设备；随着外温的升高，应注意减少新风量；傍晚时间，外温降低，可加大新风量以全新风模式运行通风设备。

除环控通风外，环境与设备监控调度员还需对其他环控设备做好监控管理。

2. 通风模式及转换

环境及设备监控系统不是一个孤立的系统，它与其他系统有多种形式的接口。当环境及设备监控系统承担防灾任务时，环境及设备监控系统在火灾工况下是火灾报警系统的联动控制系统。在火灾工况下，两个系统需要共同完成消防联动控制，如环境及设备监控系统需要启动排烟风机、控制电梯运行至首层、切断非消防电源、启动事故照明、打开屏蔽门、启动应急导向指示等；而火灾报警系统则联动控制专用于灭火的设备（如启动消防泵、启动水喷淋灭火系统或气体灭火系统、关闭或打开防火卷帘门等）。这一系列过程均通过两个系统间的接口进行信息传递，从而实现两个系统的协调运行。环境及设备监控系统与火灾报警系统的接口点一般位于车站控制室内，环境及设备监控系统接口设备为综合后备盘（Integrated Backup Panel，IBP）控制器。

（1）隧道运行工况

隧道通风系统除早间和晚间通风运行外，在列车正常运行时，区间隧道采用开式运行模式，充分地利用列车活塞风的作用进行通风换气，排除余热和余湿。隧道通风系统在不同的时间段运行不同的模式。不同运行模式的启停时间主要依据地铁运营的开始时间、停止时间，主要有早间通风模式、运行通风模式和晚间通风模式三种。

事故运行状态主要由列车发生的事故类型来确定事故运行的模式，主要有隧道通风模式和火灾运行模式两种。当列车在隧道区间发生阻塞时，环控系统自动地根据轨道信号判断阻塞位置，进行隧道通风模式控制。当列车在车站或区间隧道发生火灾事故时，环境与设备监控调度员根据车站或驾驶员的报告立即启动环控系统的相应火灾运行模式（或通知车站手动启动相应区间的火灾运行模式）。在环境与设备监控调度员选择火灾运行模式时，计算机会根据轨道信号和人工输入的列车着火位置产生一个推荐的火灾运行模式供调度员选用，保证旅客的安全疏散。

（2）车站大系统及小系统运行工况

车站大系统以车站级监控为主。通过对车站大系统的组合空调器、风机盘管、空调新风机、回（排）风机、排烟风机、相关风阀、传感器、水系统二通阀等设备的监控，达到环控工艺提出的要求，保证车站在正常情况下的环境舒适及火灾情况下的系统联动。

车站大系统的通风运行分为空调季节小新风、空调季节全新风、通风季、冬季、早夜换气及停机等几种模式。通过运行时间表，自动地选择运行工况，也可人工干预运行工况。

车站小系统与车站大系统类似，保证车站各类设备在火灾情况下的模式联动。车站小系统以车站级监控为主，对车站内各设备及管理用房的空调器、风机、风阀进行控制，实现车站小系统的通风及排烟功能。车站小系统的排风与排烟系统共用同一套系统，在正常运行情况下，小系统的送风机正常运行，排风机也正常运行；若排风机为双速风机，则正常情况下处于低速运行，在灾害情况下处于高速运行。车站小系统的空调系统冷源主要来源于车站内的冷风机组或小系统的空调机。柜式空调器和风机盘管负担着车站内设备及管理用房的热湿负荷。

发生火灾时，火灾报警系统发出相应的火灾模式信号，若此时系统处于自动状态（IBP切换到自动状态），则通过人工确认火灾模式信号后自动地启动相应的火灾模式。在人机界面上可以人工干预启动火灾模式，若计算机死机可在IBP上手动启动火灾模式。

大系统火灾模式时，各小系统将自动地处于停机状态，风阀关闭，减少串烟。火灾结束后，按压人机界面上的火灾恢复按钮，则系统解除火灾工况。

二、非正常情况下的环控通风作业

1. 火灾报警系统

火灾报警系统能够自动捕捉到监测区域内火灾发生时所产生的烟雾、热量及发出的声光报警，控制自动灭火系统、应急照明系统、应急广播系统、水消防系统和排烟系统以便实施救火救灾。火灾报警系统通过安装在站厅、站台、设备房间和管理房间等处的探测设备对监测区进行火灾监控。

（1）设备组成

火灾报警系统主要由安装在现场的探测设备（如智能温感探测器、智能烟感探测器、感温电缆、红外对射探头等）、报警设备（如声光报警器、警铃等）以及由控制系统和监视系统模块组成的防灾报警控制盘和监控工作站等设备组成。

火灾报警系统内部消防电话由固定消防电话、电话插孔和手提电话组成，如图 1–3 所示。

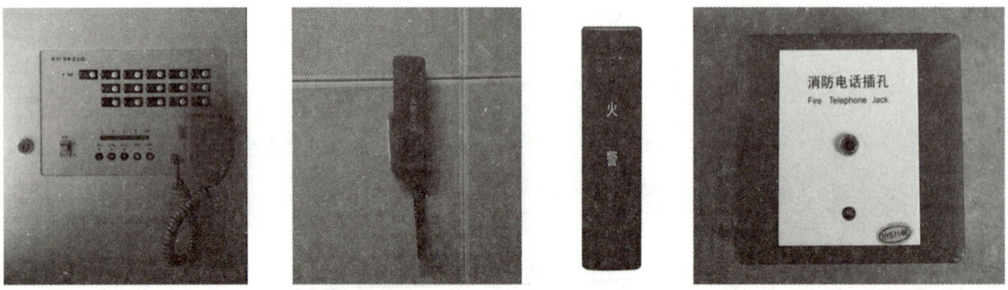

固定消防电话主机　　固定消防电话挂机　　手提电话　　手提消防电话插孔

图 1–3　火灾报警系统内部消防电话（彩图见附录二）

火灾报警系统的外部设备包括手动报警器、声光报警器及各种探测器等，如图 1–4 所示。

手动报警器　　警铃　　声光报警器

图 1–4　火灾报警系统的外部设备（彩图见附录二）

手动报警器是设置在防火分区内的人工报警设备，由人工手动触发，具有紧急情况下人工报火警的功能。如设置在车站的手动报警器，当车站的工作人员（或乘客）发现有火灾情况时，可按下手动报警器的报警按钮进行手动报警，车站控制室内的值班人员可在监控工作站或火灾报警控制盘上看到相关的报警信息，经确认后即可启动相应的报警程序。

警铃和声光报警器主要安装在车站及走廊等公共区域。当发生火警情况时，警铃大作，声光报警器一边发出警笛声，一边发出红色的报警闪烁灯光，提醒人员进行疏散。

（2）地下车站的火灾报警系统

地下车站的火灾报警系统由设置在车站综合控制室内的火灾报警控制器（即车站级火灾报警系统分机）通过总线方式与现场的探测器、手动报警器、电话插孔等模块设备组成车站的火灾报警系统报警控制网络。车站级火灾报警系统管辖范围包括本站和两边相邻的半个地下区间。

车站综合控制室设置火灾报警系统报警控制器、气体灭火控制器、消防专用电话总机、车站监控工作站和打印机等报警及控制设备。

在车站的办公用房、设备用房、站厅、站台和长度超过 60 m 的出入口通道内设置烟感探测器或温感探测器，在气体灭火保护房间内设置烟感探测器和温感探测器，在地下折返线和停车线旁设置红外光束探测器，在站台板下的电缆密集区处设置感温电缆，在车站公共场所或长度超过 30 m 的出入口通道及地下区间隧道处设置手动报警器和电话插孔（一般设置在消火栓箱旁）。灾害发生时，可利用手动报警器向车站综合控制室进行手动报警，电话插孔可利用手提式电话手柄向车站综合控制室进行人工对话，报告灾情。一个防火分区至少设置一个手动报警器，从一个防火分区内的任何位置到最近的一个手动报警器的距离不得大于 30 m。在值班室、变电所、通信机房、信号机房、灭火气体钢瓶房等重要设备房间应设有消防电话挂机。消防电话座机与消防电话插孔均为消防专用电话，可直接与车站综合控制室取得联系。

（3）高架车站的火灾报警系统

高架车站火灾报警系统的管辖范围为本站范围内的车站地面、站厅及站台层。

车站综合控制室设置火灾报警系统报警控制器、气体灭火控制器、监控工作站、火灾报警调度电话分机等报警及控制设备。此外，控制室还设有消防泵的直接启泵按钮。

在车站办公间及休息房间、变电所和车站站厅等处设置烟感探测器，在气体灭火保护房间内设置烟感探测器和温感探测器，在变电所电缆夹层、电缆竖井等电缆密集区设置线型温感探测器，在车站的站厅、站台和出入口通道等公共场所处设置手动报警器和电话插孔（一般设在消火栓箱旁）。在车站值班室、变电所、通信机房、信号机房和灭火气体钢瓶房等重要设备房间应设有消防电话挂机，在站厅房屋区设置警铃。

高架车站火灾报警系统联动控制的设备主要包括消防泵、防火卷帘门、自动扶梯和应急照明灯等。此外，通常还包括车辆段的火灾报警系统报警分机、停车场火灾报警系统报警分机、主变电所火灾报警系统控制器等设备。

（4）报警处置

防灾报警系统实行两级管理，即主控制级（在控制中心大楼内设置防灾控制中心）和分控制级（在车站、车辆段、停车场及主变电所等处设置防灾控制室）。

火灾报警系统控制中心是全线火灾报警设备的信息管理中心，通过火灾报警系统报警主机对全线的火灾报警信息进行控制。环境与设备监控调度员可监视全线防灾设备的运行状态，接收全线范围内的报警信息（包括火灾报警、设备离线故障报警和网络故障报警等，如图 1–5、图 1–6 所示），显示报警部位，向各分控制级发布火灾涉及有关车站消防设备的控制指令。

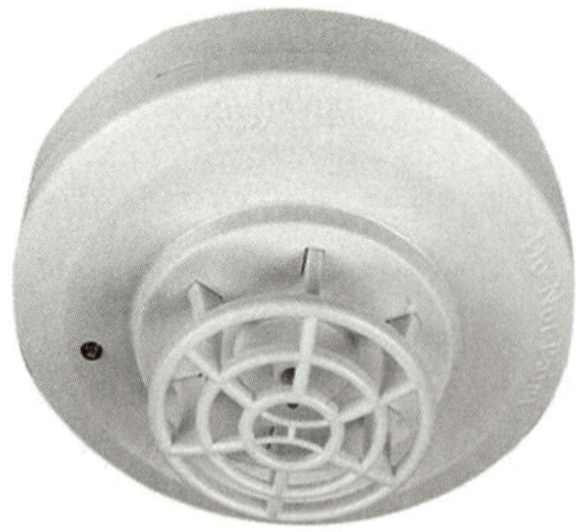

图 1–5　烟感火灾探测器（彩图见附录二）

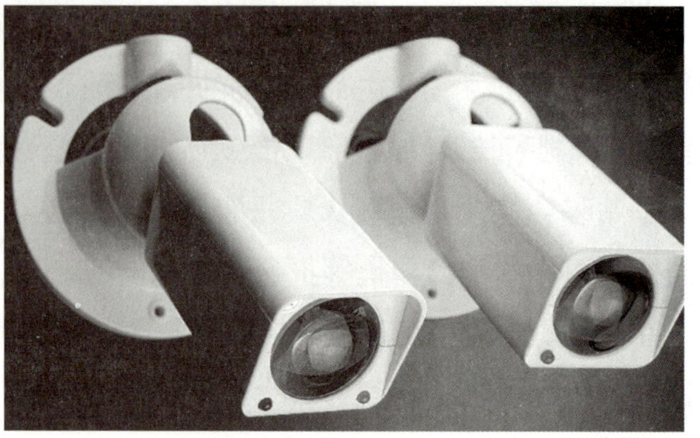

图 1–6　红外线对射烟感探测器（彩图见附录二）

车站行车值班员通过火灾报警系统分机监视车站及所辖区间防灾设备的运行状态，当火灾报警系统出现火灾报警时，行车值班员接收车站及所辖区间的火灾报警，根据显示的报警信息确认报警位置，指派有关人员到达火警位置进行现场确认。若现场并未发生火情，则报警为误报警，应当查明报警原因，采取适当的预防措施并向环境与设备监控调度员报告情况，做好有关记录；若现场确实发生火灾，应立即报告环境与设备监控调度员。

环境与设备监控调度员根据行车值班员的报告，针对现场情况发布指令对火灾报警系统控制盘、消防联动控制盘和火灾报警系统监控工作站进行操作，组织灭火工作。

行车值班员接到环境与设备监控调度员的指令后，组织抢险救灾工作，联动控制车站及所在辖区间范围内的防灾设备，启动水消防系统或气体灭火系统。

如使用气体灭火系统，在火灾发生后，探测设备检测到火情并将报警信号上传至火灾报警系统，火灾报警系统报警并通过联动装置自动启动灭火气体的储气瓶，待储气瓶压力开关打开后，灭火气体通过管网在着火房间的喷头喷出。在此过程中，联动装置的自动功能也可改为在人工确认火情后由人工开启储气瓶的压力开关，以手动方式启动气体灭火装置进行灭火，如图 1–7 所示。

气体启停按钮（手动）

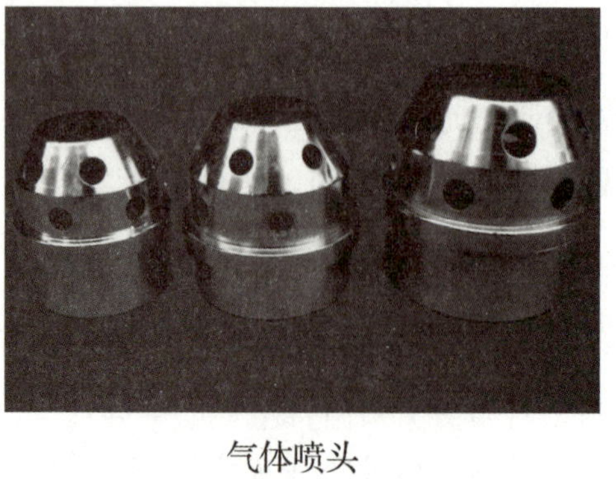

气体喷头

图 1–7　灭火装置（彩图见附录二）

2. 火灾情况下地下车站及隧道区域的通风处理

当地下车站和隧道发生火灾时，环境与设备监控调度员启动环控系统的相应火灾运行模式，以便在地下车站或隧道区间内形成合理的空气流动，及时将火灾产生的毒气及烟雾排向外界，进而抑制毒气和烟雾的扩散且为乘客和工作人员提供一个安全的疏散环境。此外，相关人员在疏散过程中可利用气流作为疏散导向，使人员迎着新鲜空气流动的方向疏散。

（1）通风原则

火灾时，环境与设备监控调度员应采用的通风原则如下：

1）当区间隧道发生火灾时，应迎着乘客疏散的方向输送新风（新风流向与乘客疏散的方向相反）且背着乘客疏散的方向排烟（排烟方向与乘客疏散的方向相同），火灾位置的隧道断面风速应不小于 2 m/s。

2）当车站的站台发生火灾时，应及时排烟以防止烟雾向站厅和区间隧道蔓延。

3）当车站的站厅发生火灾时，应及时排烟以防止烟雾向站台和出入口蔓延。

（2）通风排烟的处理方法

火灾发生的区域不同，通风排烟的处理方法亦不相同。

1）当隧道内发生列车着火或隧道火灾时，应采用如下处理方法：

隧道内发生列车着火或隧道火灾时，环境与设备监控调度员得到行车调度员的通知后应根据信号系统传递的事故信息及时启动火灾点前后两端的车站风机（距离火灾点最近的一端车站为乘客逃生方向的车站，应开启风机进行送风，另一端车站应开启风机进行排烟），关闭车站小系统的送风，关闭车站空调制冷系统。届时，车站工作人员应尽快组织乘客疏散。

当隧道区间内有列车发生火灾且被迫停于区间时，环境与设备监控调度员要根据起火点的位置以多数人的安全为原则确定送风气流的方向，确保送风气流的方向与乘客疏散的方同相反，使乘客迎着新风流向往安全地点疏散。如果起火点位于列车的前部，乘客应向列车的尾部方向进行疏散，此时的送风方向应与列车前进的方向相同；如果起火点位于列车的尾部，乘客应向列车的前部方向进行疏散，此时的送风方向应与列车前进的方向相反。

2）在车站发生火灾时，应采用如下处理方法：

当列车在车站发生火灾时，环境与设备监控调度员应启动隧道风机进行排烟，送风机不开或开启小风量送风，利用车站出入口自然进风使乘客疏散的方向与自然进风的气流方向相反。

当车站的站台层发生火灾时，环境与设备监控调度员应开启空调送风机，及时组织排烟以防止烟雾向站厅层及区间隧道蔓延。环境与设备监控调度员应关闭站台层的送风阀，关闭站厅层的排烟阀，维持站厅层的正常送风，站台层的回排风机全部排烟运行。

当车站的站厅层发生火灾时，环境与设备监控调度员应及时组织排烟以防止烟雾向站台层和出入口蔓延。环境与设备监控调度员应关闭站厅层的送风系统、站台层的送风系统和站台层的回排风系统，打开站厅层的排烟风阀，使站厅层的着火区形成负气压，烟雾经排烟系统通过风道直接排至地面。站厅层的“补风”由车站出入口自然进入，为疏散乘客提供新风。

当车站的设备管理用房发生火灾时，环境与设备监控调度员应将区域内有关的小系统设备立即转入设定的火灾模式运行，根据小系统的具体形式立即组织排除烟雾或隔断火源及烟雾，对设有排烟系统的内通道进行排烟，对设有加压送风的疏散梯进行加压送风。

思考与练习

一、填空题

1. __________是环境与设备监控调度员监控环控系统各种设备运行状况的基本工具。

2. 火灾报警系统内部消防电话由固定消防电话、电话插孔和__________组成。

3. 火灾报警系统的外部设备包括__________、声光报警器及各种探测器等。

4. __________和声光报警器主要安装在车站及走廊等公共区域。

二、单项选择题

1. 一个防火分区至少设置一个手动报警器，从一个防火分区内的任何位置到最近的一个手动报警器的距离不得大于（　　）。

A. 10 m　　B. 20 m　　C. 30 m　　D. 40 m

2. 当区间隧道发生火灾时，应迎着乘客疏散的方向输送新风（新风流向与乘客疏散的方向相反）且背着乘客疏散的方向排烟（排烟方向与乘客疏散的方向相反），火灾位置的隧道断面风速应不小于（　　）。

A. 1 m/s　　B. 2 m/s　　C. 3 m/s　　D. 4 m/s

三、判断题

1. 地下车站的火灾报警系统由设置在车站综合控制室内的火灾报警控制器（即车站级火灾报警系统分机）通过总线方式与现场的探测器、手动报警器、电话插孔等模块设备组成车站的火灾报警系统报警控制网络。（　　）

2. 当车站的设备管理用房发生火灾时，环境与设备监控调度员应将区域内有关的大系统设备立即转入设定的火灾模式运行。（　　）

3. 当隧道区间内有列车发生火灾且被迫停于区间时，环境与设备监控调度员要根据起火点的位置以多数人的安全为原则确定送风气流的方向，确保送风气流的方向与乘客疏散的方向相同。（　　）

4. 防灾报警系统实行两级管理，即主控制级和分控制级，在控制中心大楼内应设置防灾控制室。（　　）

模块二 2

城市轨道交通列车运行图

模块描述

列车运行图是城市轨道交通运营生产的一个综合性计划，是城市轨道交通行车组织的基础，其质量的高低直接关系着城市轨道交通系统的效益、能力和安全。什么是列车运行图？其有哪些构成因素？如何编制列车运行图？通过哪些指标去检验运行图的编制质量以便使其最终应用到实际运营中且做到既经济又合理？

本模块将从列车运行图的基本概念、列车运行图的组成要素、列车运行图的编制及列车运行图的铺画四个方面进行介绍。

学习目标

1. 知识目标

1）了解列车运行图的定义及作用。

2）掌握列车运行图的基本要素。

3）熟悉列车运行图的格式及分类。

4）掌握列车运行图相关指标的计算。

5）掌握列车运行图的编制流程及基本方法。

6）能掌握列车运行图的图解原理，根据资料确定车站中心线。

2. 能力目标

1）能区别不同类型的列车运行图并能判断运行图上的不同符号。

2）能掌握列车运行图的基本要素，并能计算各项时间因素。

3）能计算列车运行图的相关指标。

4）能根据给定的线路资料绘制列车运行图。

3. 素质目标

1）认识到列车运行图对城市轨道交通行车组织工作的重要性。

2）在编制列车运行图的过程中，要有严谨的工作态度，确保编制的列车运行图符合各项时间标准、数量标准，最终确定的列车运行图能做到既经济又合理。

课题一　列车运行图的基本概念

课题目标

1. 了解列车运行图的作用。
2. 了解制定列车运行图的意义。
3. 掌握列车运行图的分类。

一、列车运行图的含义

列车运行图是利用坐标的原理来表示列车运行时空关系的图解形式，规定了列车占用区间的次序、列车在区间的运行轨迹及时分、列车在车站到达（出发）或通过的时分、列车在车站的停站时分和在折返站的折返时分、列车的交路和列车出入段（场）的时分等；规定了线路、站场、车辆和通信信号等设备与行车有关部门的工作。

列车运行图有两种输出形式，分别是图解表和时刻表。

图解表又称为时距图（Distance-Time Diagram），它利用坐标原理表示列车运行状况和运行时刻，将列车看作一个质点，斜线就是列车运行的轨迹，代表列车的运行线。坐标系有两种表示方法，如图 2–1 所示。在图 2–1（a）中，纵坐标表示距离（s），各水平线间的距离即为站间距，横坐标（t）为时间，这种表示方法应用最为广泛。图 2–1（b）的表示方法正好与图 2–1（a）的表示方法相反。

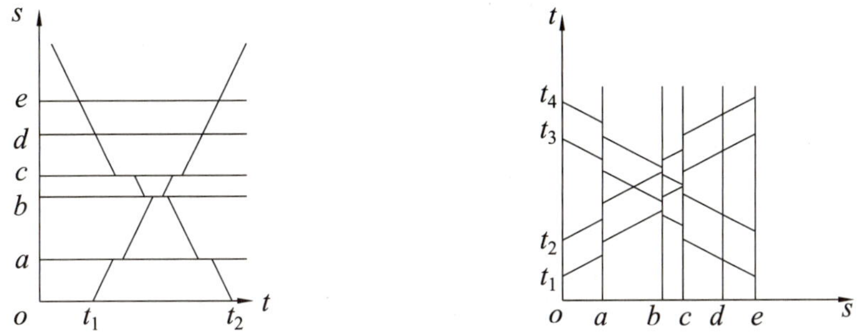

（a）　　（b）

图 2–1　列车运行图（图解表）

时刻表是运行图的表格化形式，将列车运行图包含的信息，如列车车次、始发（终到）站、到达（出发）或通过时间用表格的形式反映出来，是城市轨道交通电动列车驾驶员行车的重要依据，如表 2–1 所示。

表 2–1　列车运行图（时刻表）

序号		1	2	3	4	5	6	7	8
站名/车次	到/发	02201	00201	02301	00301	00401	02401	00501	00601
A站	到	07:05:03	07:32:30	07:38:00	07:43:30	07:49:00	07:54:30	08:00:00	08:05:30
	发	07:06:03	07:33:30	07:39:00	07:44:30	07:50:00	07:55:30	08:01:00	08:06:30
B站	到	07:01:42	07:30:16	07:35:46	07:41:16	07:46:46	07:52:16	07:15:16	08:00:16
	发	07:02:12	07:30:51	07:36:21	07:42:51	07:47:21	07:52:51	07:58;21	08:03:51
C站	到	06:57:56	07:28:00	07:33:35	07:39:05	07:44:35	07:50:05	07:15:35	08:01:05
	发	06:58:56	07:28:35	07:34:05	07:39:35	07:45:05	07:50:35	07:16:05	08:01:35
D站	到	06:55:42	07:25:59	07:31:34	07:37:01	07:42:34	07:48:04	07:53:34	07:59:04
	发	06:56:32	07:26:34	07:32:09	07:37:36	07:43:09	07:48;39	07:54:09	07:59:39
E站	到	06:53:45	07:23:54	07:29:29	07:35:59	07:45:59	07:45:50	07:51:29	07:56:59
	发	06:54:15	07:24:39	07:30:14	07:36:44	07:46:44	07:46:44	07:52:04	07:57:04
F站	到	06:51:42	07:21:18	07:26:53	07:32:23	07:37:53	07:43:23	07:48:53	07:54:23
	发	06:52:42	07:22:03	07:27:23	07:33:08	07:38:38	07:44:08	07:49:28	07:55:08

二、制定列车运行图的意义

为实现列车的安全、高效运行，要求城市轨道交通系统中各行车相关部门及工种之间应相互协调配合。车站按列车运行图的要求进行接发列车及客运组织工作，行车调度部门按列车运行图的要求来指挥列车运行，车辆段根据列车运行图的要求来确定每天需要的列车数和运行时刻以制定列车的检修和驾驶员的值乘计划，设备维护部门根据列车运行图规定的时间来安排施工和检修计划。

为确保列车运行图的实现，要求各行车相关部门、工种之间相互配合、协调动作及时间，使各次列车按运行图规定的时刻运行，各项施工和检修按计划时间进行，以避免在时间上互相牵制或影响。

因此，列车运行图既是运营企业内部使用的列车运行技术文件，也是运营企业的综合经营计划。列车运行图对运营企业的生产效率和经济效益有着决定性的影响。此外，列车运行图对乘客也具有重要的意义，供乘客使用的列车运图以列车时刻表的形式对外公布，使乘客了解城市轨道交通的运营时间、首末班车时间、运营间隔等信息，便于乘客安排出行。

在运营生产过程中，列车运行组织是一个极其复杂的系统工程，不但有赖于设施设备以保证列车的正常运行，而且要求各个部门、工种之间互相协调配合，统筹安排各项作业。

列车运行图为城市轨道交通的各业务部门工作提供一个核心依据，通过列车运行图，城市轨道交通这部庞大的“联动机”才得以协调运转，保证运营生产工作的正常进行。

所以，编制一张经济合理的列车运行图，既要考虑城市轨道交通系统能提供的运输能力，又要考虑在符合各时期、各时段客流量规律的前提下使运能与运量达到最佳的组合，实现既方便乘客出行，又使企业获得较好的经济效益这一目标。

三、列车运行图分类

1. 按时间轴的刻度来划分

（1）一分格运行图

一分格运行图是指横轴以 1 min 为单位（用细竖线加以划分），10 min 格和小时格用较粗的竖线表示的运行图，主要适用于行车间隔较小的城市轨道交通系统。

（2）二分格运行图

二分格运行图是指横轴以 2 min 为单位（用细竖线加以划分）的运行图，适用于行车间隔稍大的城市轨道交通系统。目前，二分格运行图在国内城市轨道交通系统中广泛使用。

（3）十分格运行图

十分格运行图是指横轴以 10 min 为单位（用细竖线加以划分），半小时格用虚线表示，小时格用较粗的竖线表示的运行图，适用于市郊铁路和城际铁路等行车间隔较大的城市轨道交通系统。

（4）小时格运行图

小时格运行图是指横轴以 1 h 为单位（用竖线加以划分）的运行图。小时格运行图主要运用于编制铁路旅客列车方案图和车底周转图，城市轨道交通系统通常不使用该运行图。

2. 按区间正线数量来划分

（1）单线运行图

单线运行图是指在单线区段，上、下行方向的列车都在同一正线上运行的运行图。

在现代城市轨道交通系统中，单线运行图的使用极为稀少，其只在非正常情况下的列车运行调整期间使用，或是在运量较小的开行区段上使用，如图 2–2 所示。

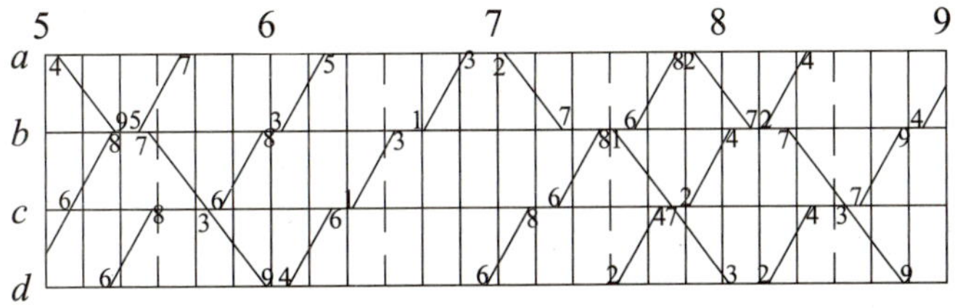

图 2–2　单线运行图

（2）双线运行图

双线运行图是指在双线区段，上、下行方向的列车在各自的正线上运行的运行图。因此，上、下行方向的列车运行互不干扰，可以在区间内交会，也可以在车站上交会。城市轨道交通系统一般都设置双线，采用双线运行图，如图 2–3 所示。

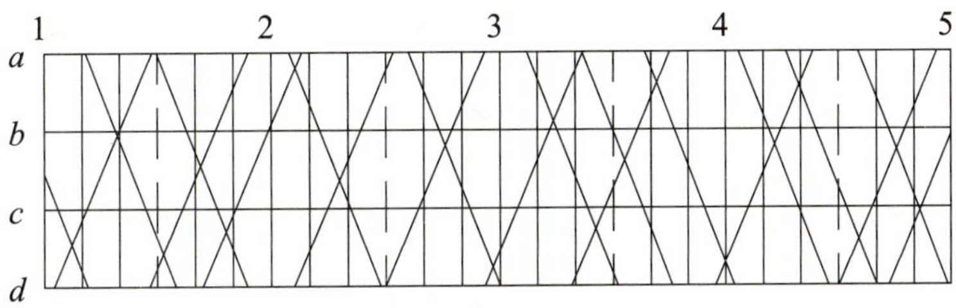

图 2–3　双线运行图

（3）单双线运行图

单双线运行图是指在既存在单线区间又存在双线区间的线路上，在相应区间内分别按单线运行和双线运行的特点来铺画列车运行线的运行图。如图 2–4 所示，*a*~*b* 区间采用单线运行，*b*~*e* 区间采用双线运行。单双线运行图一般只在非正常情况下的列车运行调整期间或线路有维修作业时使用。

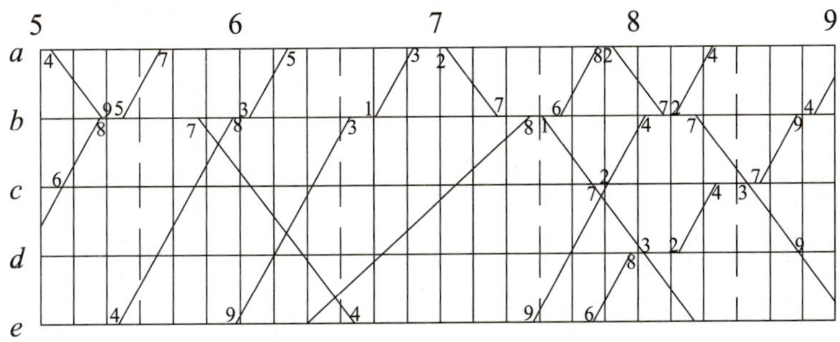

图 2–4　单双线运行图

3. 按列车之间的运行速度来划分

（1）平行运行图

在同一区间内，同一方向上的列车的运行速度相同，且列车在区间两端站的到达（出发）或通过的运行方式也相同的运行图称为平行运行图。该运行图的列车运行线是相互平行的，如图 2-5 所示。

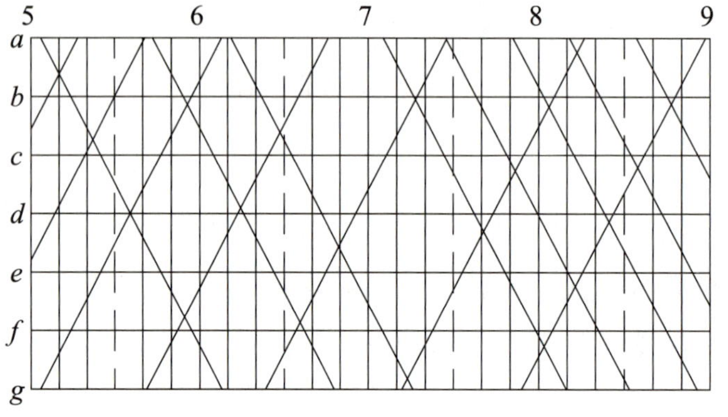

图 2-5　平行运行图

（2）非平行运行图

在同一区间内，同一方向上的列车的运行速度不相同，且列车在区间两端站的到达（出发）或通过的运行方式也不相同的运行图称为非平行运行图。该运行图的列车运行线是相互不平行的。

4. 按上、下行方向上运行的列车数量来划分

（1）不成对运行图

上行方向上运行的列车数量与下行方向上运行的列车数量不相等的运行图称为不成对运行图。

（2）成对运行图

上行方向上运行的列车数量与下行方向上运行的列车数量相等的运行图称为成对运行图。

5. 按同方向上列车运行的方式来划分

（1）连发运行图

同方向上列车的运行以站间区间作为运行间隔的运行图称为连发运行图。单线区段采用这种运行图时，在连发的一组列车之间不能铺画对向列车。

（2）追踪运行图

追踪运行图是指同方向上列车的运行以闭塞分区作为运行间隔的运行图，即在一个区间内允许有一列及以上的同方向列车在运行，在装有自动闭塞设备的单线或双线区段上均可采用，如图 2-6 所示。

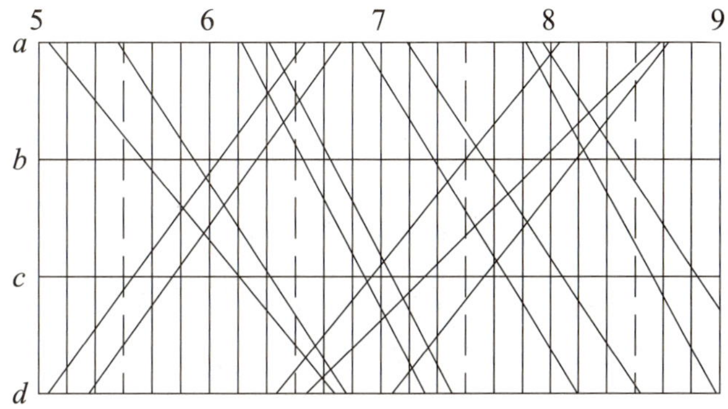

图 2-6　追踪运行图

6. 按使用时间段来划分

根据使用时间段的不同，各运行图的划分如下：

（1）工作日运行图

在正常工作日（通常情况下是指周一至周五时间段）使用的运行图为工作日运行图。其特点是早高峰及晚高峰的通勤客流明显，形成不同的运营时段。

（2）双休日运行图

在非正常工作日（通常情况下是指周六及周日时间段）使用的运行图为双休日运行图。其特点是没有明显的早高峰及晚高峰通勤客流，全天的运行间隔相对均匀。

（3）节假日运行图

在国家法定节假日（通常情况下是指清明节、端午节、国庆节、中秋节及春节时间段）使用的运行图为节假日运行图。其特点是地铁企业需充分考虑旅客出行的需要，全天投入的运力比较大，运行间隔相对均匀。

7. 按运行图的生成方式来划分

（1）计划运行图

根据线路、设备等各种条件，在充分考虑行车资源有效配置的前提下而预先编制的运行图为计划运行图。

（2）实际运行图

根据列车在线路上实际运行后的具体情况而编制的运行图为实际运行图。

上述七种分类都是针对列车运行图的某一特点而对运行图加以区别的。实际上，每张列车运行图都具有多方面的特点。例如，某一区段的列车运行图因其系统特征所致，一般均为双线运行图、成对运行图、追踪运行图和平行运行图。

思考与练习

一、填空题

1. 列车运行图有两种输出形式，分别是图解表和__________。

2. 图解表又称为时距图（Distance-Time Diagram），它利用__________原理表示列车运行状况和运行时刻，将列车看作一个质点，斜线就是列车运行的轨迹，代表列车的运行线。

3. 目前，__________运行图在国内城市轨道交通系统中应用广泛。

二、单项选择题

1. 在列车运行图的分类中，(　　) 运行图适用于市郊铁路和城际铁路等行车间隔较大的城市轨道交通系统。

A. 一分格　　B. 二分格　　C. 十分格　　D. 小时格

2. 在列车运行图的分类中，(　　) 运行图主要运用于编制铁路旅客列车方案图和车底周转图。

A. 一分格　　B. 二分格　　C. 十分格　　D. 小时格

3. 在列车运行图的分类中，按（　　）来划分，可分为平行运行图和非平行运行图。

A. 列车之间的运行速度　　B. 区间正线数量

C. 上、下行方向上运行的列车数量　　D. 同方向上列车运行的方式

4. 在列车运行图的分类中，按（　　）来划分，可分为不成对运行图和成对运行图。

A. 列车之间的运行速度　　B. 区间正线数量

C. 上、下行方向上运行的列车数量　　D. 同方向上列车运行的方式

5. 在列车运行图的分类中，按（　　）来划分，可分为连发运行图和追踪运行图。

A. 列车之间的运行速度　　B. 区间正线数量

C. 上、下行方向上运行的列车数量　　D. 同方向上列车运行的方式

三、判断题

1. 单线运行图是在单线区段中，上、下行方向的列车都在同一正线上运行的运行图。（　　）

2. 在单线运行图中，上、下行方向的列车可以在区间内交会，也可以在车站上交会。（　　）

3. 单双线运行图一般只在非正常情况下的列车运行调整期间或线路有维修作业时使用。（　　）

4. 计划运行图是根据列车在线路上实际运行后的具体情况而编制的运行图。（　　）

课题二 列车运行图的组成要素

课题目标

1. 了解列车运行图的图解要素。
2. 掌握制定列车运行图的时间要素。
3. 了解列车运行图的数量要素。
4. 了解列车运行图的其他因素。

城市轨道交通列车运行图的组成要素可分为四类，它们分别是图解要素、时间要素、数量要素和其他相关要素，这些要素是编制列车运行图的基础和前提。

一、图解要素

列车运行图实际上是为行车调度部门提供一种组织列车在各车站和区间运行计划的图解形式。在我国大多数城市轨道交通系统的列车运行图中，通常采用图 2-1（a）所示的表示方法。在这样的列车运行图中，下行列车的运行线由左上方向右下方倾斜，上行列车的运行线由左下方向右上方倾斜，具体情况如下：

1. 横坐标

表示时间变量，用一定的比例进行时间划分。一般情况下，城市轨道交通列车运行图常采用一分格或二分格运行图，即每一等份表示 1 min 或 2 min。

2. 纵坐标

根据区间的实际里程，采用规定的比例表示距离分割，以车站中心线所在的位置进行距离定点。

3. 垂直线

它们是一组平行的等分线，表示时间等分段。这些垂直线将横轴按一定的时间单位进行划分，代表不同的小时和分钟时间段。

4. 水平线

它们是一组平行的不等分线，这些水平线将纵轴线按一定的比例加以划分，代表车站的中心线，通常中间站的车站中心线以较细的线条来表示，换乘站、折返站和终点站以较粗的线条来表示。

5. 斜线

是列车运行轨迹的近似表示，其前提是假定列车在区间内匀速行驶。

6. 时刻

在列车运行图上，列车运行线与车站中心线的交点即表示该列车到达（出发）、通过的时刻。由于城市轨道交通列车停站的时间较短，运行间隔比较小，一般不标明列车到达、出发时刻。

7. 车号及车次

在列车运行图上，每列列车均有不同的车号及车次；对于不同种类的列车，采用不同的列车运行线、车号和车次范围加以区别，一般按不同的列车类别、发车次序和信号设备要求确定。

二、时间要素

1. 区间运行时分

区间运行时分是指列车在两相邻车站之间的运行时间，它是由车辆部门采用牵引计算和实际试验相结合的方法确定的。

列车区间运行时分的运行距离为车站中心线之间的距离。由于上、下行方向的线路平面、纵断面条件和列车编成辆数等行车基础数据可能不相同，因此区间运行时分应按列车类型和上、下行方向分别予以查定。列车到站停车的停车附加时分和停站后出发的起动附加时分，应根据动车组类型、列车编成辆数以及进出站线路的平纵断面条件查定。此外，列车区间运行时分还应根据列车在每一区间的两个车站上分别以不停车通过和停车这两种情况予以查定，如图 2–7 所示。

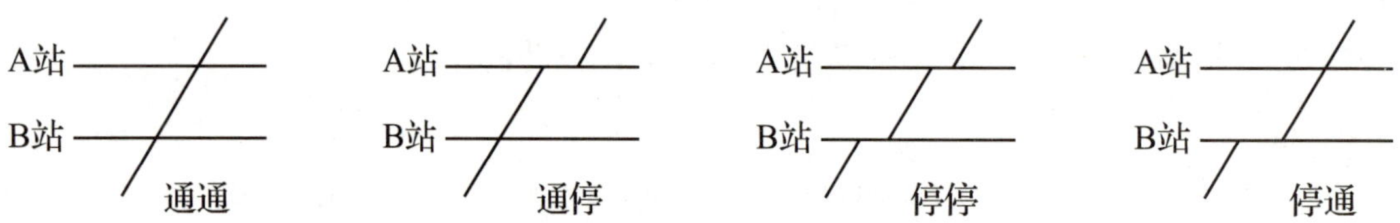

图 2–7　列车在区间的不同运行方式

2. 行车间隔时间

一般说来，行车间隔时间取决于信号系统、车辆性能、折返能力、停站时间、投入运行的列车数量等诸多因素。在城市轨道交通系统的高峰小时内，线路上个别车站的客流量比较大，上、下车的时间较长。在技术设备和工程投资条件一定的情况下，停站时间往往成为主要的制约因素。最小行车间隔应留有一定的余量，当列车运行秩序稍有紊乱时，信号系统和列车折返系统应有潜力缩短行车间隔时间，使整个系统的列车运行秩序能够尽快恢复正常。

3. 列车追踪间隔时间

追踪运行是指同一线路上相同方向的两列及以上的列车，以某种间隔（固定闭塞分区或非固定闭塞分区）运行。追踪运行的列车之间的最小行车间隔时间称为列车追踪间隔时间，即同一线路上相同方向的两列及以上的列车在互不干扰的情况下通过同一地点的最小间隔时间。列车追踪间隔时间，取决于同方向的列车间隔距离、列车运行速度及信联闭设备类型等。

（1）固定闭塞列车追踪间隔时间

固定闭塞是将列车运行的线路划分为若干个固定的区段，每个固定的区段称为闭塞分区，在每个闭塞分区内只准许最多有一列车运行。

在城市轨道交通中，通常以轨道电路或计轴装置来划分闭塞分区，它具有列车定位功能和检查轨道占用的功能。在固定闭塞模式下，后续列车追踪运行的目标点为前行列车所占用闭塞分区的始端，列车控制采取分级速度控制模式。较为常见的有三显示和四显示两种追踪运行方式。

（2）准移动闭塞列车追踪间隔时间

准移动闭塞是一种介于固定闭塞和移动闭塞之间的闭塞方式，准移动闭塞同样利用轨道电路或计轴装置将线路划分为若干个固定的闭塞分区，后续列车追踪运行的目标点仍为前行列车所占用闭塞分区的始端，并预留一定的安全距离。

准移动闭塞与固定闭塞的最大区别在于准移动闭塞的列车控制是采取目标距离控制模式，又称为连续式一次速度控制，即后续列车根据目标距离、目标速度及列车本身的性能来确定列车的制动曲线，不再设定每个闭塞分区的速度等级，而是采用一次性的制动方式。相较于固定闭塞，准移动闭塞的列车追踪间隔时间会更小一些。

（3）移动闭塞列车追踪间隔时间

移动闭塞是在确保行车安全的前提下以车站控制装置和列车控制装置为中心，将列车追踪运行的间隔最小化的控制系统。

在该控制系统下，列车准确定位是关键。区间内运行的每一列车均与前方站的中心控制装置周期性地保持高可靠度的通信联系；车站中心控制装置接到列车信息后，根据列车牵引特性曲线及区间相关线路的参数，计算出每一追踪列车的允许最大运行速度并发送给列车，而对于接近进站的列车，则根据调度命令发出允许该列车进站及进入轨道等信号。采用移动闭塞，可以有效地压缩追踪列车的间隔时间，提高区间的通过能力。

4. 停站时间

列车停站时间是指从列车在站内停稳开始到列车起动结束的时间段。列车停站时间的长短应满足乘客乘降的需要，主要取决于车站的乘客集散量、列车的车门数量和座位布置、客流的疏导及管理措施等，通常包括列车开门时间、乘客下车时间、乘客上车时间、列车关门时间、车门关闭后的等待时间等。影响车门关闭后的等待时间因素如下：

1）车厢实际已经满载，但仍有急切上车的乘客。

2）部分乘客挡住车门以等待其他同行乘客上车。

3）关门速度的快慢（关门时间）。

4）确认车门完全关闭后到列车出发的时间。

除了首（末）端点站以及客流很大的车站外，一般车站的停站时间应控制在20~30 s。若停站时间过长，则会降低列车的运行速度；在行车密度比较大的情况下，还会影响后续列车的运行。在实际确认停站时间时，还需考虑车站的疏散能力，尽量避免不同方向的列车同时到发。

5. 折返作业时间

折返作业时间是指列车到达交路的终点站而进行折返作业的时间总和，是制约线路通过能力的主要因素之一。不同的折返布置形式，列车折返所需的时间也不同。通常折返作业时间包括办理进路时间、确认信号时间、入折返线时间、驾驶员走行或换岗时间、出折返线时间等。

折返作业时间受折返方式、站台至折返线距离、列车长度、列车制动能力、信号设备水平及驾驶员操作水平等因素的影响。当列车的行车间隔时间小于列车折返所需时间时，必须采取其他措施（如在折返线预置另一列车进行周转）以缩短折返时间。

三、数量要素

1. 全线分时客流分布

全线分时客流可根据客流的时间分布规律进行预测及调查分析，以确定高峰、平峰及低谷时段的客流量。根据不同时段的客流分布特点，工作人员可对列车的运行列数进行合理安排，据此作为开行列车的主要依据。

城市轨道交通的运能、线路走向所处的交通走廊、车站所处的区位用地性质等都是城市轨道交通车站客流在全天不同时间段上分布的主要影响因素。

2. 列车满载率

列车满载率是指列车实际载客量与列车定员数之比，通常采用报告期内的客运周转量与客位里程之比。编制列车运行图时，既要保证一定的列车满载率，又要保留一定的余地，兼顾某些不可预测因素带来的客流量波动，同时要考虑乘客的舒适度水平。

$$\beta_{列}=\frac{P_{实}}{P_{定}}\times 100\% \tag{2.1}$$

式中　$\beta_{列}$——列车满载率。

$P_{实}$——列车实际载客量（人）。

$P_{定}$——列车定员数（人）。

3. 出（入）库能力

出（入）库能力是单位时段内通过出（入）库线出（入）正线的最大列车数。由于车辆基地与线路车站之间的出（入）库线数量有限，加之出（入）库列车进入正线时还会影响到正线的通过能力，因此出（入）库能力是编制列车运行图的重要考虑因素之一。

四、其他因素

1. 与其他交通方式的衔接

包括与其他交通设施的衔接（如铁路车站、港口、机场、公路交通枢纽等）、不同交通方式的线路之间的布置与匹配（如公交线路与城市轨道交通线路）、静态交通设施的设计（如自行车、小汽车等其他车辆的停放等）。

2. 与市内其他设施的衔接

需要考虑城市的重点设施（包括大型体育场、娱乐及商业中心）所产生的突发性大客流对正常运营的城市轨道交通系统的冲击，以便有效应对突发性运力和人力安排的困难。

3. 列车检修作业

为保证列车状态完好，需均衡安排列车的运行时间与检修时间，既保证每列车的日常检修和维护保养时间，又保证各列车的走行公里数较为接近。

4. 列车试车作业

检修作业完毕的列车应在车辆基地的试车线上进行试车作业，测试合格后方能投入运营。若车辆段内没有试车线，或者试车线不能满足试车要求，则可安排在非运营时间内的正线上试车。

5. 驾驶员作息要求

考虑驾驶员的作息制度、交接班地点及交接方式、途中用餐等因素，均衡安排列车的运行时间和列车交路。

思考与练习

一、填空题

1. 列车运行图实际上是为行车调度部门提供一种组织列车在各车站和__________运行计划的图解形式。

2. 列车__________是列车运行轨迹的近似表示，其前提是假定列车在区间内匀速行驶。

3. ＿＿＿＿＿是指列车在两相邻车站之间的运行时间，它是由车辆部门采用牵引计算和实际试验相结合的方法进行确定的。

二、单项选择题

1. 固定闭塞是将列车运行的线路划分为若干个固定的区段，每个固定的区段称为闭塞分区，在每个闭塞分区内只准许最多有（　　）运行。

A. 一列车　　B. 两列车　　C. 三列车　　D. 以上皆有可能

2. 列车（　　）是指从列车在站内停稳开始到列车起动结束的时间段。

A. 启动附加时间　　B. 停车附加时间　　C. 停站时间　　D. 折返作业时间

3. 列车的（　　）是指列车到达交路的终点站而进行折返作业的时间总和，是制约线路通过能力的主要因素之一。

A. 启动附加时间　　B. 停车附加时间　　C. 停站时间　　D. 折返作业时间

三、判断题

1. 检修作业完毕的列车可直接投入运营。（　　）

2. 试车作业只能在车辆段内进行。（　　）

3. 试车作业可以安排在运营时间内的正线上进行。（　　）

4. 除了首（末）端点站以及客流很大的车站外，一般车站的停站时间应控制在20 ~30 s。（　　）

课题三　列车运行图的编制

课题目标

1. 了解列车运行图的编制要求。
2. 掌握列车运行图的编制步骤。
3. 掌握客流计划的相关计算。
4. 掌握全日行车计划的推定。
5. 理解车站中心线的确定方法。
6. 理解列车识别号的构建。
7. 掌握列车运行图的指标计算。

一、列车运行图的编制步骤

城市轨道交通列车均为载客电车。在车站只进行乘客的上、下车作业，不存在车辆的解体、编组和车辆的技术作业及跨线运输等问题，列车的行车密度较高。

在新线开通之际或线路的客流量、技术设备及行车组织方式发生改变之际均需编制列车运行图。列车运行图的编制步骤如下：

1）按照编制要求和目标确定编制的注意事项。

2）收集资料，对有关问题组织调查、研究和试验。

3）总结、分析现行列车运行图的完成情况和存在问题，提出改进意见。

4）确定全日行车计划。

5）计算所需运用列车数量。

6）计算运行图所需的各项基础数据。

7）确定列车运行图草图。

8）听取行车相关部门和车辆部门的意见，对列车运行方案进行调整。

9）根据列车运行方案编制列车运行图、列车运行时刻表和执行说明。

10）全面检查列车运行图的编制质量，计算列车运行图的各项指标。

11）将编制完毕的列车运行图、时刻表和执行说明上报审核，经批准后执行。

二、列车运行图的编制

1. 客流调查与分析

（1）客流分析

城市轨道交通的客流是动态的，它会因时因地而变化，这种变化反映了有关地区的社会经济活动、生活方式以及轨道交通系统本身的特点。

在轨道交通运营过程中，对客流动态进行实时的监督和系统分析，掌握客流的现状及其变化规律，是轨道交通行车组织工作和客运组织工作得以顺利进行的前提。城市轨道交通客流分析主要体现如下：

1）小时客流量在一日内的变化。

小时客流量是用来确定城市轨道交通出入口、通道等设备容量的基础数据。小时客流量随着城市生活节奏的变化在一日之内呈起伏波状图形，即夜间客流量稀少，黎明前后渐增，上班或上学时间达到高峰，以后客流渐减；在下班或放学时间又出现第二个高峰，进入夜间后客流又逐渐减少；如此起伏地骤增骤减，显示了客流在一日之内的波动规律。

全日分时最大断面客流量是确定轨道交通系统全日行车计划和车辆配备计划的基础数据。

车站单向高峰小时客流量是确定车站出入口、楼梯、售检票设备数量和计算通道宽度、配备车站定员的依据。当车站设备的数量或容量不够时，会给行车秩序、站厅秩序、乘车秩序和乘客的安全带来不利影响。

特别指出：在高峰小时内，客流的分布也是不均衡的。据一日内小时客流量的调查资料显示，还存在一个 20 min 左右的超高峰期，这一因素应加以注意。

2）全日客流量在一周内的变化。

通常情况下，人们的活动规律以周为单位进行循环，即：双休日，大多数人休息在家，以通勤及上下学客流为主的轨道交通线路上的客流量会有所减少；在连接商业网点及旅游景点的轨道交通线路上，客流量会有所增加。全日客流量在一周之内呈有规律性的变化，从运营经济性角度考虑，应根据不同的客流量在一周内实行不同的全日行车计划。

此外，星期一的早高峰时段客流量和星期五的晚高峰时段客流量，均高于一周内的周二、周三和周四相应高峰时段的客流量。同理，在节假日的前、后一天也存在类似客流量的增减。为适应短期内客流的变化，运营管理部门要制定相应的措施。

3）客流的不均衡性。

客流的不均衡性主要有以下三个方面：

①上、下行客流的不均衡系数 α_1。

$$\alpha_1=\frac{\max\left(A_{\max}^{上}, A_{\max}^{下}\right)}{\left(A_{\max}^{上}+A_{\max}^{下}\right)/2} \tag{2.2}$$

式中 $A_{\max}^{上}$——上行最大断面客流量（人）。

$A_{\max}^{下}$——下行最大断面客流量（人）。

当 α_1 较大时，即在上、下行方向最大断面客流量不均衡比较明显的情况下，直线走向的轨道交通线路（需在终点站进行折返）要想做到经济合理地配备运力是比较困难的，对于环形轨道交通线路则常采用在内、外环线路上安排不同运力的方法来解决（在环线轨道交通线路上可分别按上、行方向安排不同的运力以应对此不均衡性）。

②断面客流的不均衡系数 α_2。

$$\alpha_2=\frac{A_{\max}}{\Sigma A_i/n} \tag{2.3}$$

式中 $A_{\max}$——单向最大断面客流量（人）。

A_i——单向断面分时客流量（人）。

n——轨道交通线路的断面数量。

当 α_2 较大时，即在断面客流量不均衡比较明显的情况下，运营管理部门常在客流量较大的区段加开列车以应对此不均衡性；但在行车密度很大的情况下，加开列车会有一定的难度，而且加开的列车对运营组织和车站折返设备都会提出新的要求。

③分时客流的不均衡系数 α_3。

$$\alpha_3=\frac{A_{\max}}{\Sigma A_i/h} \tag{2.4}$$

式中 $A_{\max}$——单向最大断面客流量（人）。

A_i——单向断面分时客流量（人）。

h——轨道交通线路全日营业小时数（h）。

当 α_3 较大时，即在分时客流不均衡比较明显的情况下，为达到运输组织的合理性及运营经济性的目标，运营管理部门可考虑采用小编组、高密度的行车组织方式，即在客流高峰时间段，开行较多的列车以满足运输需求；在客流低谷时间段，则减少开行列车数量以提高车辆的满载率。

4）客流量的其他变化。

①客流量的季节性变化，如在旅游旺季，由于城市中流动人口的增加，会给轨道交通系统带来较大的运输压力。

②在节假日或遇到举行重大商务集会、文体活动及其他一些重大经济活动时都会引起有关轨道交通线路客流量的激增。当客流量在短期内增加幅度较大时，轨道交通运营管理部门要针对某些作业环节及运营方案做出局部性的调整，以有效应对某一时期的客流特征。

编制运输计划是轨道交通系统运营组织的基础工作之一。从服务社会角度考虑，轨道交通系统应充分发挥运量大和服务有规律性的特点，安全、迅速、正点、舒适地运送乘客。从企业经济效益角度考虑，轨道交通系统的运营应实现高效益和低成本。为达到此目标，轨道交通系统的运输组织必须以运输计划为基础（即根据客流的特点），合理调度指挥列车运行，以便高质量地实现运输计划。

（2）客流计划

客流计划是对运输计划期内的轨道交通线路客流的规划。它是全日行车计划、车辆配备计划和列车交路计划的编制基础。在新线刚投入运营的情况下，客流计划应根据客流预测资料进行编制；在既有运营线路的情况下，客流计划应根据客流统计资料和客流调查资料进行编制。客流计划的主要内容包括站间到发客流量、各站两个方向分别的上（下）车人数、全日高峰小时和低谷小时的断面客流量以及全日分时最大断面客流量等。

客流计划是以站间到发客流量资料作为编制基础，分步计算出各站的上（下）车人数和断面客流量数据。表 2–2 是一条拥有 8 座轻轨车站（假定列车由 A 站前往 H 站的方向为上行方向，反之为下行方向）的站间到发客流量斜表，根据站间到发客流量资料可以计算出各站的上（下）车人数（见表 2–3），然后根据各站的上（下）车人数进一步计算出各断面的客流量（见表 2–4）。

表 2-2 站间到发客流量表 人

发 / 到	A 站	B 站	C 站	D 站	E 站	F 站	G 站	H 站	合计
A 站		7 018	6 093	7 554	4 878	9 413	12 736	23 898	71 590
B 站	6 941		1 722	4 620	3 962	5 845	7 812	17 338	48 240
C 站	5 662	1 573		565	891	2 283	2 856	4 962	13 130
D 站	7 723	4 127	593		630	1 985	2 823	4 983	22 864
E 站	4 665	3 755	963	486		459	1 278	3 191	14 797
F 站	9 301	7 013	1 985	2 074	593		893	5 519	18 077
G 站	12 572	9 322	2 452	2 865	1 245	1 145		2 183	31 784
H 站	22 682	14 571	4 705	5 183	2 802	5 308	2 015		57 266
合计	54 583	47 379	18 513	23 347	15 001	26 438	30 413	62 074	277 748

表 2-3 各站上（下）车人数表 人

上行上客数	下行上客数	车站名称	上行下客数	下行下客数
71 590	0	A 站	0	54 583
41 299	6 941	B 站	7 018	40 361
11 557	1 573	C 站	7 815	10 698
10 421	12 443	D 站	12 739	10 608
4 928	9 869	E 站	10 361	4 640
6 412	11 665	F 站	19 985	6 453
2 183	29 601	G 站	28 398	2 015
0	57 266	H 站	62 074	0

表 2-4 区间各断面的客流量表 人

下行方向	区间名称	上行方向
54 583	A 站—B 站	71 590
88 003	B 站—C 站	105 871
97 128	C 站—D 站	109 613
95 293	D 站—E 站	107 295
90 064	E 站—F 站	101 862
84 852	F 站—G 站	88 289
57 266	G 站—H 站	62 074

（3）全日行车计划

全日行车计划是营业时间内各小时开行的列车数计划，它规定了轨道交通线路的日常作业任务，是科学地组织运送乘客的方案；此外，全日行车计划也是编制列车运行图、计算运营工作量和确定车辆配备数量的基础资料。全日行车计划应综合考虑运营时间内各小时的最大断面客流量、列车定员数、车辆满载率以及希望达到的运输服务水平等诸多因素。

1）营业时间——城市轨道交通系统营业时间的安排应考虑以下两个因素：方便乘客，满足城市居民生活和工作的需要，即考虑城市居民出行活动的特点；满足轨道交通系统各项设备检修和养护的需要。

2）全日分时最大断面客流量——全日分时最大断面客流量，可在求出高峰小时断面客流量的基础上，根据全日客流分布模拟图来确定。

3）列车定员数——列车定员数是列车编组辆数和车辆定员数的乘积。车辆定员数取决于车辆的尺寸、车厢内座位的布置方式和车门设置的数量。通常情况下，在车辆限界范围内，车辆的长度及宽度尺寸越大其载客就越多；车厢内座位纵向布置时的载客数量要多于横向布置时的载客数量。

2. 车站中心线的确定方法

列车运行图以横线表示车站中心线的位置，它的确定方法如下。

（1）按区间实际里程的比率确定

该方法是将整个区段内各车站之间的实际里程按照一定的比例来确定横线的位置，采用这种方法时，运行图上的站间距完全反映了实际情况，能明显地表示出站间距离的大小。由于各区间线路平面和纵断面互不相同，列车运行的速度也不尽相同，列车在整个区段内的运行线往往是一条倾斜的折线，既不整齐也不易发现列车在区间运行时分上的差错，一般不采用这种方法来确定车站中心线的位置。

（2）按区间运行时分的比率确定

该方法是将列车在整个区段内的各站之间的运行时长按照一定的比例来确定横线的位置，采用这种方法时，可使列车在整个区段内的运行线基本上是一条斜直线，既整齐美观又易于发现列车在区间运行时分上的差错，通常情况下采用这种方法来确定车站中心线的位置。

3. 计算列车单程旅行时间

列车单程旅行时间等于单程各区间的列车运行时间与沿途各站的停站时间之和。

4. 计算列车运行图的运行周期

列车运行图的运行周期（$T_{周}$）是指列车运行一个完整的交路所需要的时间，它等于上、下行列车的旅行时间与两端折返站的折返时间之和，即：

$$T_{周} = T_{旅}^{上行} + T_{旅}^{下行} + \Sigma T_{折}$$

式中 $T_{旅}^{上行}$——上行列车的旅行时间（包括上行列车在各区间的运行时间和各站的停站时间）。

$T_{旅}^{下行}$——下行列车的旅行时间（包括下行列车在各区间的运行时间和各站的停站时间）。

$\Sigma T_{折}$——列车在两端站折返时的时间之和。

5. 列车识别号的构建

各城市轨道交通企业关于列车识别号的规定不尽相同。以南京城市轨道交通为例，其列车识别号（6 位数字组成）= 目的地码（2 位数字组成）+ 车次号（4 位数字组成），而车次号（4 位数字组成）= 服务号（2 位数字组成）+ 序列号（2 位数字组成），即：列车识别号 = 目的地码 + 服务号 + 序列号。

目的地码是指列车驶往的目标车站及在站内走行路径的代码。若两列车具有相同的目的地码，则这两列车必驶往同一方向的同一车站；若两列车驶往同一方向的同一车站，这两列车未必具有相同的目的地码。

服务号是指当日列车离开车辆段（停车场）进入正线运营时的顺序代码。第一列离开车辆段（停车场）进入正线运营的列车，其服务号为 01；第四列离开车辆段（停车场）进入正线运营的列车，其服务号为 04，依次类推。

序列号是指城市轨道交通列车在正线运营时的方向代码，上行方向为偶数，下行方向为奇数；若列车首次驶入正线运营时的方向为上行，其序列号为 02，则经过终点站折返后的序列号为 03，依次类推；若列车首次驶入正线运营时的方向为下行，其序列号为 01，则经过终点站折返后的序列号为 02，依次类推。

地铁设计规范规定：地铁在正线上应采用双线、右侧行车制。南北向线路应以由南向北为上行方向，由北向南为下行方向；东西向线路应以由西向东为上行方向，由东向西为下行方向；既有南北向又有东西向的线路应以南北向线路区段及东西向线路区段的比重为依据，取比重较大的区段方向判定上、下行；环形线路应以列车在外侧轨道线的运行方向（逆时针方向）为上行方向，在内侧轨道线的运行方向（顺时针方向）为下行方向。

如南京城市轨道交通的某列车识别号为 403-1602，则“403”表示目的地码，“1602”表示车次号，“16”表示服务号，“02”表示序列号。

6. 列车运行线的图示

列车运行图上的列车运行线按列车运行方向的不同可分为上行列车运行线和下行列车运行线，上行列车运行线是由左下角向右上角铺画的倾斜直线，下行列车运行线是由左上角向右下角铺画的倾斜直线。

三、列车运行图的指标计算

在检查并确认列车运行图满足规定的要求后，应计算列车运行图的各项指标，具体如下。

1. 开行列车数

一旦列车在运营线上行驶，无论是全程行驶还是短交路折返，均按一列车计算。即：开行列车数 = 载客列车数 + 空驶列车数。

2. 旅行速度

旅行速度是列车在运营线路上运行时的平均速度。列车在运营线路上运行的时间包括列车的起动加速时间、在区间的纯运行时间、停车附加时间及在站停车时间。即：旅行速度 = 运营线路长度 /（纯运行时间＋起停附加时间＋中途停站时间）= 运营线路长度 / 单程行驶的总时间。

3. 技术速度

技术速度是列车在运营线上运行时去除其在中间站停站时间所对应的速度，即：技术速度 = 运营线路长度 /（单程行驶的总时间 – 中途停站时间）= 运营线路长度 /（纯运行时间＋起停附加时间）。

4. 运营速度

运营速度是列车在运营线上运行时其在纯运行时间内所对应的速度，即：运营速度 = 运营线路长度 / 纯运行时间 = 运营线路长度 /（单程行驶的总时间 – 起停附加时间 – 中途停站时间）。

思考与练习

一、填空题

1. ＿＿＿＿＿＿是对运输计划期内的轨道交通线路客流的规划。

2. 列车定员数是列车编组辆数和＿＿＿＿＿＿的乘积。

3. 地铁设计规范规定，地铁在正线上应采用双线、＿＿＿＿＿＿侧行车制。

4. ＿＿＿＿＿＿是由左下角向右上角铺画的倾斜直线。

5. 开行列车数 = 载客列车数 + ＿＿＿＿＿＿。

二、单项选择题

1. 地铁设计规范规定，(　　)为上行方向。

A. 南北向线路应以由南向北

B. 南北向线路应以由北向南

C. 东西向线路应以东向西

D. 环形线路应以列车在内侧轨道线的运行方向（顺时针方向）

2. 城市轨道交通的（　　）速度 = 运营线路长度 /（纯运行时间＋起停附加时间＋中途停站时间）。

A. 技术　　B. 旅行　　C. 运营　　D. 以上说法均正确

3. 城市轨道交通的（　　）速度 = 运营线路长度 /（纯运行时间＋起停附加时间）。

A. 技术　　B. 旅行　　C. 运营　　D. 以上说法均正确

4. 城市轨道交通的（　　）速度 = 运营线路长度 /（单程行驶的总时间 − 起停附加时间 − 中途停站时间）。

A. 技术　　B. 旅行　　C. 运营　　D. 以上说法均正确

三、判断题

1. 各城市轨道交通企业关于列车识别号的规定完全相同。（　　）

2. 以南京城市轨道交通为例，其列车识别号 = 目的地码 + 车次号。（　　）

3. 若两列车具有相同的目的地码，则这两列车必驶往同一方向的同一车站。（　　）

4. 若两列车驶往同一方向的同一车站，则这两列车肯定具有相同的目的地码。（　　）

5. 列车运行图的运行周期是指列车运行一个完整的交路所需要的时间。（　　）

课题四　列车运行图的铺画

课题目标

1. 了解列车运行线的表示。
2. 掌握运行图的标画图例。
3. 掌握列车运行指标的计算。
4. 掌握列车运行图的铺画。

列车运行图是记录列车运行计划和当日列车实际运行情况的资料，是运营统计分析的基础。在信号系统正常的情况下，列车运行图会被系统自动打印出来，但须补画运行图中未打印的线以及临时加开列车的实际运行线。在信号系统故障时，系统无法自动记录列车的实际运行线，此时采用备用运行图；对于正常运行的列车，可以不画其实际运行线，只需在其计划运行线上打钩即可；当实际运行线与计划运行线有偏差时，应铺画实际运行线。

当列车晚点或因其他原因而运行不正常时，应在原有运行图的基础上，按统一格式进行人工补充标画，以达到运行图的完整、准确、真实，便于查阅和统计分析。

一、列车运行记录

1. 列车运行线的表示

列车运行线的表示见表 2-5。

表 2-5　列车运行线的表示（彩图见附录二）

序　号	列车类型	表示方法	图　例
1	列车	红色实直线	
2	接触网检查车及轨道车	黑色实直线加蓝圈	
3	出入段列车及回空列车	红色实直线加红框	
4	救援列车	红色实直线加红叉	
5	调试列车	蓝色实直线	
6	工程车	黑色实直线	
7	临时客运列车	红色分段直线加红色实直线	
8	专列	红色虚线	

2. 运行图的标画图例

列车运行图标画的内容通常包括列车始发、列车终到、列车临时退出运营、列车停站、列车折返、列车通过车站、列车反方向运行、列车故障救援等，具体如下：

（1）列车始发（见图 2-8）

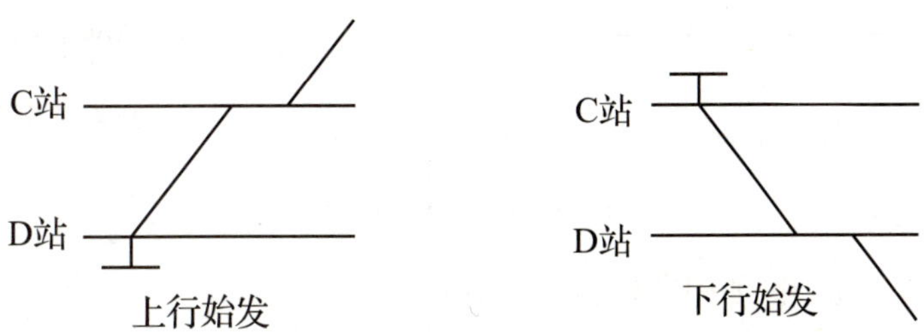

图 2-8　列车始发

（2）列车终到（退出运营正线，见图 2-9）

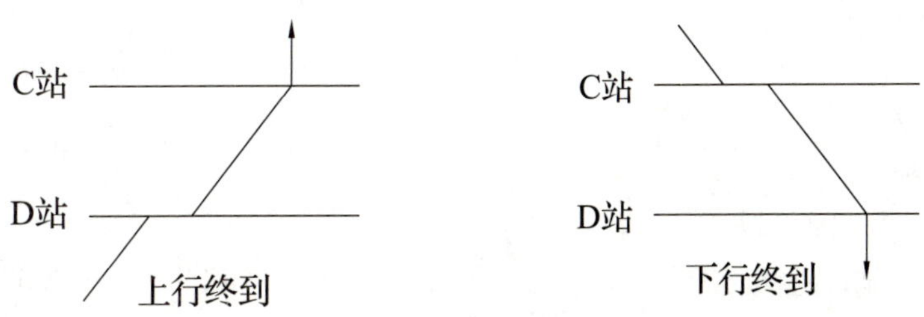

图 2-9　列车终到

（3）列车临时退出运营（进入折返线或存车线，见图 2-10）

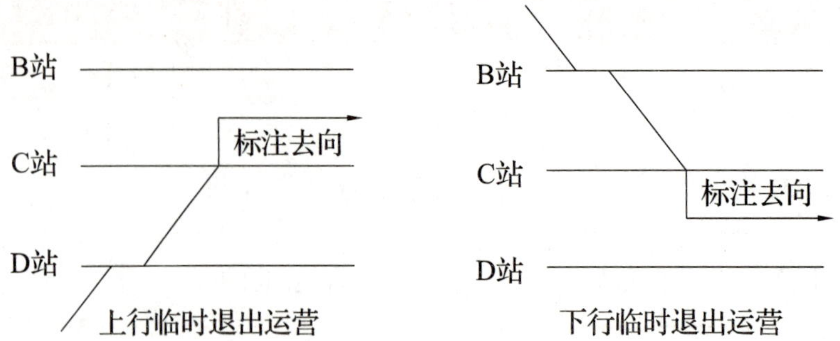

图 2-10　列车临时退出运营

（4）列车停站（见图 2-11）

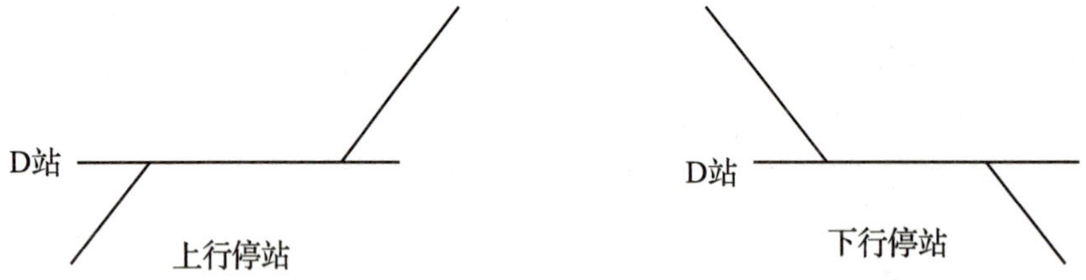

图 2-11　列车停站

（5）列车折返（含中途折返及终端站折返，见图 2-12）

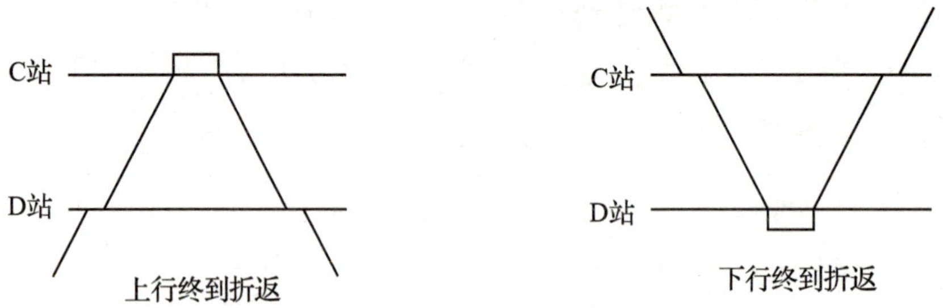

图 2-12　列车折返

（6）列车通过车站（见图 2-13）

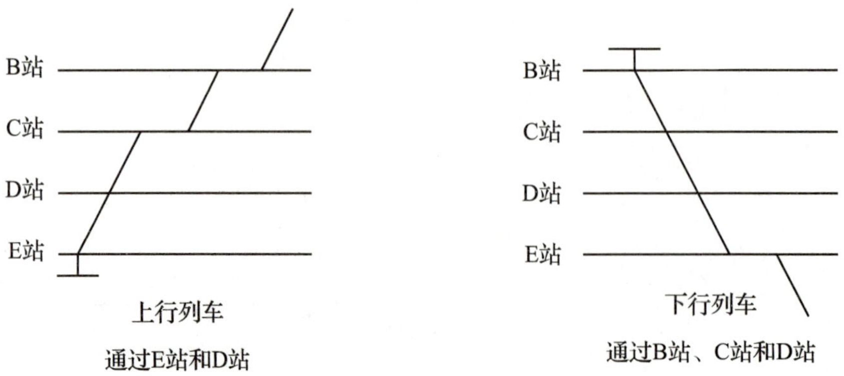

图 2-13　列车通过车站

（7）列车反方向运行（见图 2-14）

列车反方向运行时，用红色“=”标注在列车反方向运行的实际运行线上。

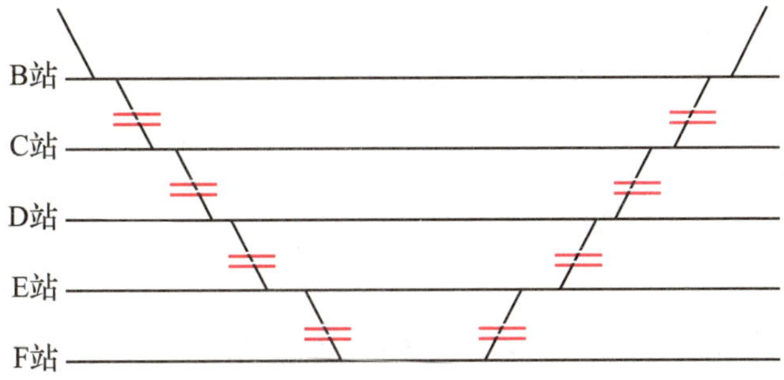

图 2-14　列车反方向运行

（8）列车故障救援

例：列车甲在 C 站故障，请求救援；列车乙在 B 站清客后担当救援列车，在与列车甲连挂后推进运行至 E 站存车线，解钩后列车乙在 E 站继续载客运行，如图 2-15 所示。

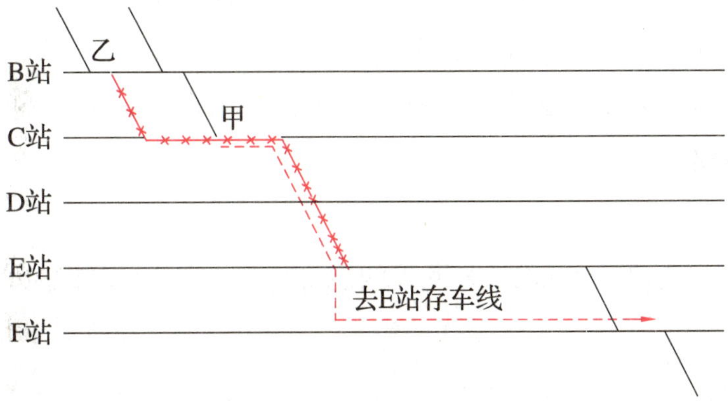

故障车用“----”表示，救援列车用“-×-×-”表示

图 2-15　列车故障救援

二、列车运行指标的计算

运营结束后，应计算列车的运行指标，统计相关数据，以便分析、考核调度工作的质量，不断提高调度工作水平，更好地服务城市轨道交通。列车的运行指标如下：

1. 正点率

列车的正点率是指正点运行的列车数量与实际开行列车数量的比值，用以表示运营列车按规定时间运行的程度，即：

正点率 = 正点运行的列车数量 / 实际开行的列车数量 ×100%

列车的正点率包括始发正点率和终到正点率。

列车正点统计的标准如下：

1）按列车运行图图定车次、时间准点始发、终到的列车全部统计为正点运行的列车；

早点或晚点不超过所在城市轨道交通企业规定时间的列车，统计为正点运行的列车。

2）若因客流变化而抽掉列车，导致调度员需采取措施对部分列车进行调点，则该部分列车按正点统计。

3）若某列车晚点，但其后的列车无附加晚点，则该列车之后的列车视为正点运行的列车。

4）临时加开的列车视为正点运行的列车。

2. 兑现率

运行图的兑现率是指报告期内实际开行的列车数量与运行图图定开行的列车数量的比值，用以表示运行图兑现的程度，即：

兑现率 = 实际开行的列车数量 / 运行图图定开行的列车数量 ×100%

注意：实际开行的列车不包括临时加开的列车。

3. 列车运营里程

列车运营里程是指报告期内运营列车在运营线上行驶的全部里程，包括载客运营里程和空驶运营里程，即：运营里程 = 载客运营里程 + 空驶运营里程。

在计算运营里程时，采用“属线”原则，即运营列车在哪条运营线上行驶，则相应的运营里程便计入哪条线路。

4. 客运周转量

客运周转量是指报告期内乘客乘坐里程的总和。即：客运周转量 = 乘客数量 × 平均运行距离。

5. 满载率

满载率是指报告期内列车运载旅客的平均满载程度，它是客运周转量与客位里程的比值，表示车辆客位的利用程度，即：满载率 =（客运周转量 / 客位里程）×100%。

思考与练习

一、填空题

1. 在列车运行图铺画的过程中，用__________表示接触网检查车。
2. 在列车运行图铺画的过程中，用__________表示救援列车。
3. 在列车运行图铺画的过程中，用__________表示临时客运列车。
4. 列车的正点率包括始发正点率和__________正点率。
5. 满载率是指报告期内列车运载旅客的__________。

二、单项选择题

1. 以下运行图标画的图例中，(　　)项表示“下行终到”。

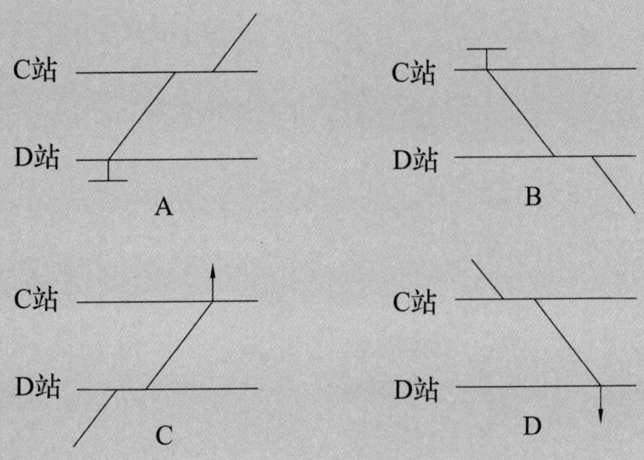

2. 以下运行图标画的图例中，(　　)项表示“下行临时退出运营”。

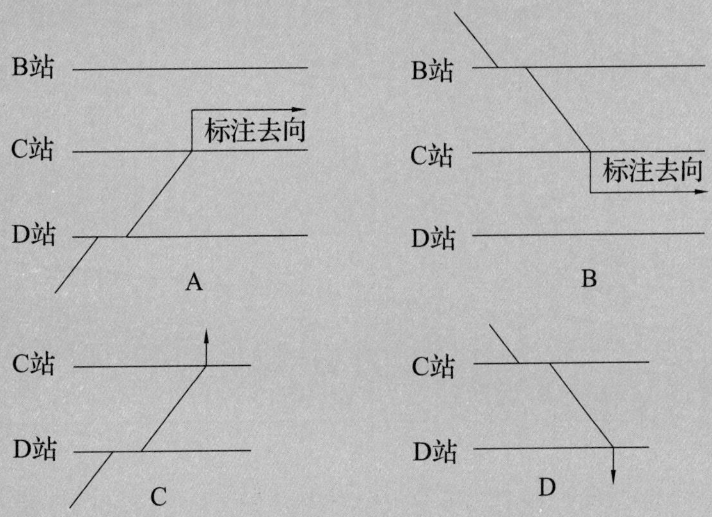

三、判断题

1. 若某列车晚点，但其后的列车无附加晚点，则该列车之后的列车视为正点运行的列车。(　　)

2. 临时加开的列车不在正点运行的列车统计之列。(　　)

3. 若因客流变化而抽掉列车，导致调度员需采取措施对部分列车进行调点，则该部分列车按正点统计。(　　)

3 模块三

城市轨道交通车站行车组织管理

模块描述

在城市轨道交通行车组织过程中，车站起着十分重要的作用。城市轨道交通车站行车组织工作直接关系着城市轨道交通系统的效益、能力和安全。车站的行车组织方法都有哪些？车站的行车记录如何填记？如何操作车站信号系统工作站？如何操作道岔？车站行车作业组织如何开展？车站施工作业如何进行？

本模块将从城市轨道交通车站行车作业要素、车站行车作业管理及车站施工作业管理三个方面进行介绍。

学习目标

1. 知识目标

1）了解常见的行车组织方法。

2）掌握车站行车记录的填记方法。

3）掌握车站信号系统工作站的操作要求。

4）熟悉道岔的操作及养护。

5）熟悉车站行车作业组织。

6）熟悉车站施工作业管理。

7）掌握常见车站行车设备的功能。

2. 能力目标

1）能掌握各种行车组织方法的具体内容。

2）能正确填记车站的各种相关行车记录。

3）能规范操作车站信号系统工作站及道岔。

4）能正常开展车站行车作业组织工作。

5）能掌握并完成车站施工作业的流程。

3. 素质目标

1）认识到城市轨道交通车站行车组织工作的重要意义。

2）养成日常工作中应有的严谨工作态度，确保城市轨道交通安全，完成乘客运输计划。

课题一 车站行车作业要素

课题目标

1. 熟悉行车组织方法。
2. 掌握行车凭证及行车记录。
3. 熟悉车站主要行车设备的功能。
4. 掌握车站主要行车设备的操作。

固定闭塞、准移动闭塞及移动闭塞之间的区别与联系

轨道电路的工作原理

一、行车组织方法

通过相邻车站（或闭塞分区）的设备或人工控制的方式使列车与

列车之间保持一定的空间间隔以保证列车安全运行的行车方法称为行车闭塞法，简称闭塞。行车闭塞法是城市轨道交通行车组织的主要方法。

《城市轨道交通行车组织管理办法》规定行车组织方法由高至低分别为移动闭塞法、准移动闭塞法、进路闭塞法和电话闭塞法四种。行车调度人员应根据信号系统具备的功能层级，由高至低使用相应的行车组织方法，具体如下。

1. 移动闭塞法

移动闭塞（Moving Block，MB）是一种新型的闭塞制式，它不设固定的闭塞分区，前车和后车均采用移动式的定位方式，即：列车的安全追踪间隔距离不预先设定却随列车的移动而不断移动并变化的闭塞方式。在城市轨道交通中，移动闭塞是一种将先进的通信、计算机和信号控制技术结合起来的列车控制技术，国际上称其为基于通信的列车控制（Communication based Train Control，CBTC）系统。

在移动闭塞技术中，其闭塞分区仅仅是保证列车安全运行的逻辑间隔，它与实际线路上的物理间隔没有任何对应关系。移动闭塞与固定闭塞在设计及技术实现方面均有很大的区别，列车定位（Train Position，TP）、安全距离（Safety Distance，SD）和目标点（Target Point，TP）是移动闭塞技术中最为重要的三个要素。

移动闭塞可借助感应环线或无线通信的方式得以实现。早期的移动闭塞系统大都采用基于感应环线的技术，即通过设置在轨间的感应环线来实现定位列车和车载控制器（Vehicle on Board Controller，VOBC）与车辆控制中心（Vehicle Control Center，VCC）之间的连续通信；当前，移动闭塞系统已采用无线通信系统以实现各子系统间的通信，构成基于无线通信技术的移动闭塞。

（1）移动闭塞的特点

1）线路没有划分固定的闭塞分区，列车之间的间隔呈变化状态且随前行列车的移动而移动。

2）列车之间的间隔按后续列车在当前速度下制动所需要的距离外加安全余量进行计算和控制，确保不追尾。

3）列车制动的起点和终点呈变化状态，轨旁设备的数量与列车的运行间隔无直接关系。

4）可实现较小的列车运行间隔。

5）实现地－车双向通信，信息量大，易实现无人驾驶。

（2）移动闭塞的工作原理

移动闭塞是通过连续检测前行列车的位置和速度进行列车运行间隔控制的一种安全系统（连续检测并不意味着一定没有任何间隔点），该系统把前行列车的尾部视为假想的闭塞分区前端，而该闭塞分区的前端随前行列车的移动而移动，故称为移动闭塞。在移动闭塞系统中，后续列车的速度曲线随着目标点的移动而实时计算，后续列车的头部到前行列车的安全保护区段始端之间的距离等于后续列车的制动距离加上后续列车在制动反应时间内行驶过的距离，如图 3–1 所示。

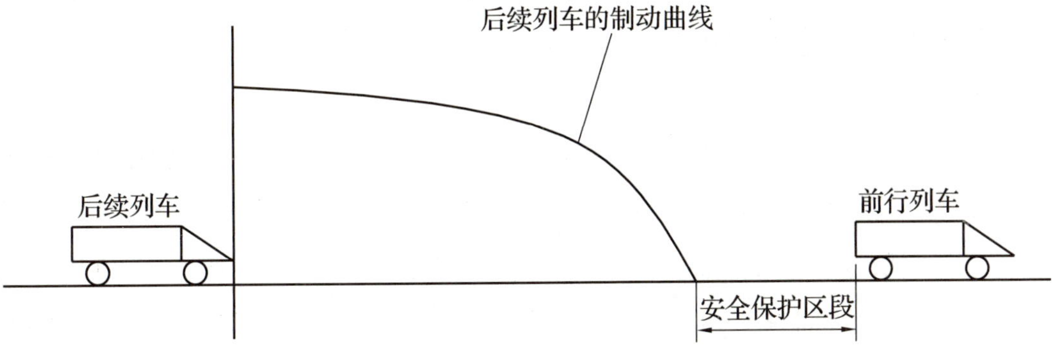

图 3–1　移动闭塞原理示意图

移动闭塞技术对列车的安全间隔控制更进了一步。通过车载设备和轨旁设备之间的连续双向通信，控制中心可以根据列车的实时速度和实时位置动态地计算出列车的最大制动距离，该最大制动距离加上列车本身的长度再加上一定的安全保护区段长度便构成了一个与列车同步运行的虚拟分区，如图 3–2 所示。该虚拟分区保证了列车前后的安全距离，相邻的两个移动闭塞分区能以很小的间隔同时前进，这使列车能以较高的速度和较小的行车间隔运行，提高了运营效率。

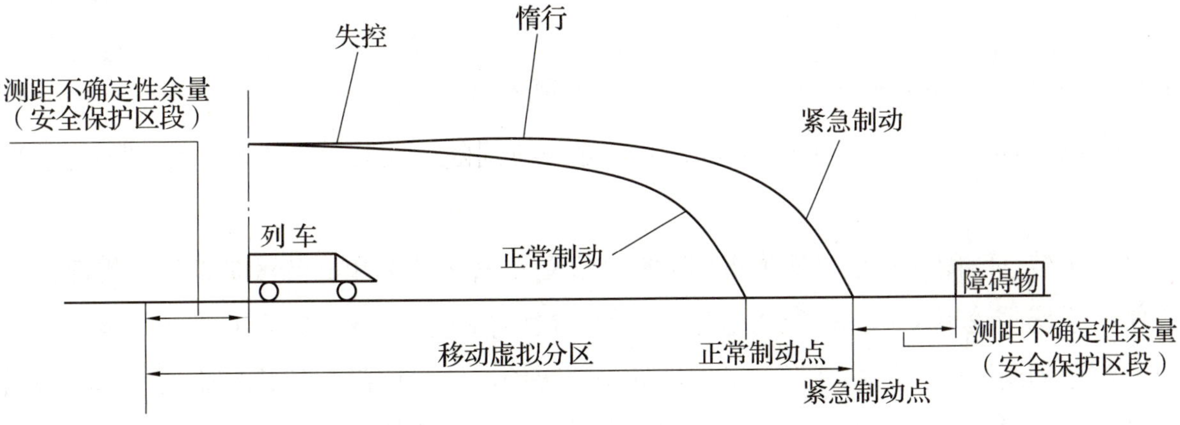

图 3–2　移动闭塞系统的安全行车间隔

无线移动闭塞系统主要包括无线数据通信网（Wireless Data Communication，WDC）、车载设备（On–board Equipment，OBE，包括无线电台、车载计算机、传感器和查询器等）、区域控制器（Zone Controller，ZC）和控制中心等。无线数据通信是移动闭塞实现的基础。通过可靠的无线数据通信网，列车不间断地将其标识、位置、车次、列车长度、实际运行速度、制动潜能和运行状况等相关信息以无线通信的方式发送给区域控制器。区域控制器根据来自列车的相关信息进行计算并确定列车的安全行车间隔，再将相关信息（如前行列车的位置、移动授权等）传递给列车，控制列车的运行。

2. 准移动闭塞法

准移动闭塞也称为半固定闭塞，它是预先设定列车的安全追踪间隔、根据前行列车的状态设定后续列车的可运行距离和运行速度、介于固定闭塞和移动闭塞之间的一种闭塞方式。

准移动闭塞对前行列车和后续列车的定位方式不同。前行列车的定位方式仍沿用固定闭塞的定位方式，后续列车的定位方式则采用连续的定位方式或移动的定位方式。为了提高后续列车的定位精度，系统在地面上每隔一段距离设置一个定位标志（如轨道电路的分界点或信标），列车通过时可提供绝对的位置信息。当列车运行在两相邻定位标志之间时，列车的相对位置是由安装在列车上的轮轴转数器所算距离再加上之前的绝对位置信息而累计所得。

由于准移动闭塞同时采用移动闭塞和固定闭塞两种定位方式，它的速度控制模式必然既具有无级（连续式）的特点又具有分级（台阶式）的特点，即：若前行列车不运动而后续列车前进时，则后续列车的最大允许速度是连续变化的；若前行列车向前运动，待其尾部驶过固定区段的分界点时，后续列车的最大允许速度必将按“台阶”跳跃上升。显然，准移动闭塞兼有移动闭塞和固定闭塞的特征，后续列车的位置信息是由列车自行实时测定的，其最大的允许速度的测算最终只能在列车上实现。

准移动闭塞在控制列车的安全间隔方面比固定闭塞更进了一步，准移动闭塞采用报文式轨道电路辅之环线或应答器来判断分区占用的情况并传送信息以告知后续列车可前行的距离，后续列车在获取该信息后合理地采取减速或制动，列车制动的起点可延伸至保证其安全制动的地点，进而改善列车的速度控制，缩小列车的安全距离，提高线路的利用率。

显然，准移动闭塞不设置轨道占用的检查设备，其所谓的闭塞分区是以计算机虚拟设定的，仅在系统的逻辑层面上存在闭塞分区和信号机的概念。准移动闭塞的追踪目标点是前行列车所占用的闭塞分区始端外延一定长度的安全保护区段的前端，后续列车从最高速开始制动的计算点是根据目标距离、目标速度和列车自身的性能指标综合计算决定的。追踪目标点相对固定，在同一闭塞分区内不随前行列车的运动而变化。制动的起始点随线路参数和列车本身的性能指标的不同而随时变化。

3. 进路闭塞法

进路闭塞又称为固定闭塞，是将线路划分为若干个固定的闭塞分区，不论前行列车与后续列车的定位还是两车之间的间距均采用固定的地面设备（如轨道电路、计轴装置）来检测和表示，线路条件信息和列车参数等均需在闭塞设计过程中加以考虑并体现在地面固定区段的划分中。

固定闭塞的追踪目标点为前行列车所占用闭塞分区的始端（固定闭塞的列车定位是以固定分区为单位的，系统只知道列车位于哪个分区中，但不知道列车在分区中的具体位置），后续列车从最高速开始制动的计算点为要求开始减速的闭塞分区的始端，这两个“始端”都是固定的而且空间的间隔长度也是固定的，所以称为固定闭塞。显然，固定闭塞的速度控制模式必然是分级的，即台阶式的。在这种制式中，向被控列车传送的只是代表几个速度等级的速度码，这种方式无法满足进一步提高系统通过能力和安全性的要求。

传统 ATP 系统的传输方式采用固定闭塞，它通过轨道电路判别闭塞分区的占用情况并传输信息码，这需要大量的轨旁设备，维护工作量较大。此外，传统方式还存在如下缺点：

1）轨道电路的工作稳定性易受外界环境的影响，如道床阻抗变化、牵引回流干扰等。

2）轨道电路传输的信息量小，若想增加传输信息量，只能提高信息的频率；但若传输的频率过高，钢轨的集肤效应会导致信号的衰耗增大，从而导致传输的距离缩短。

3）利用轨道电路难以实现车对地的信息传输。

4）闭塞分区比较长（其长度是按最长列车、满负载、最高速度和最不利的制动率等不利条件设计的），一个分区只能被一列车占用，不利于缩短列车之间的运行间隔。

5）无法知道列车在闭塞分区内的具体位置，后续列车制动的起点和终点总是在某一分区的边界上；为充分保证列车的安全，必须在两列车之间增加一个安全防护区段，这使得列车的安全间隔较大，影响了线路的使用效率。

4. 电话闭塞法

电话闭塞法是当基本闭塞法不能正常使用时而由线路两端站的行车值班员利用站间行车电话以发出的电话记录号码来办理闭塞的一种行车办法。电话闭塞法是一种代用闭塞法，无论何种线路均按照站间区间办理。由于没有机械设备或电气设备的控制，全凭行车制度加以约束，办理闭塞的手续务必要严格。为保证同一区间、同一线路在同一时间内不错误使用两种闭塞方式，在停用基本闭塞法而改为电话闭塞法或恢复使用基本闭塞法时，均需行车调度员下达调度命令后方可采用。采用电话闭塞法的行车凭证为路票。

（1）电话闭塞法的实施条件

1）信号系统设备不具备（或开通初期时功能未达到）联锁功能。

2）信号系统设备具备联锁条件，但联锁区联锁故障。

3）联锁区计轴区段全部呈红光带。

4）遇计轴大面积受扰或集中站的计轴器停止工作，则对故障区段实施电话闭塞法行车。

5）正线与停车场的接口故障。

6）降级运营情况下，后备模式运行故障。

7）非运营期间开行工程车辆。

（2）电话闭塞法的执行要求

1）电话闭塞法行车时，同方向相邻列车最小发车间隔需满足一个闭塞区段内只允许最多有一列车运行的原则。

2）电话闭塞法的行车凭证为路票，信号显示等均不再作为行车凭证；车辆起动进入区间的凭证为调度命令或车站人员的发车手信号；列车驾驶员根据行车凭证驾车（但须注意线路状况），如有异常需及时采取相应措施。

3）办理电话闭塞的所有车站须将本站所有列车的到点及开点报告行车调度员，严格按流程办理行车闭塞。

二、行车凭证及行车记录

1. 行车凭证

城市轨道交通的行车凭证是指列车进入区间或闭塞分区的凭证。城市轨道交通的行车凭证分为两类：采用基本闭塞法行车时的行车凭证为自动闭塞的列车速度码及出站信号机的正常显示；当停用基本闭塞法而改用代用闭塞法时，行车凭证为路票或特殊情况下使用的调度命令（书面命令、口头命令等）。

（1）路票

路票是在电话闭塞法行车时，区间空闲相邻两站的发车站行车值班员根据接车站行车值班员所承认闭塞的电话记录号码而填写的行车凭证。

路票的主要要素包括电话记录号码、车次、列车运行区间、行车值班员签名、日期和车站行车专用章，如图 3–3 所示。电话记录号码每日自 0 时起至 24 时止，按日循环编号；相邻的车站不得使用相同的电话记录号码；每个电话记录号码在当日的一次循环中只准许使用一次，电话记录号码一经发出且无论生效与否均不得再次使用。行车值班员签名处须由当班值班员手写，不得使用值班员印章代替手写签名；路票的日期以零点为界，按接车站给予的承认闭塞的电话记录号码时间为准；路票作为一种行车凭证，具有严肃性，故不得做任何涂改，一旦涂改便立即作废。

路　　票

电话记录第　号　　　　NO.0020239

车 次 ______

____站 ——→ ____站

行车值班员 ______

站
行 车 专 用 章

____年__月__日

图 3-3　城市轨道交通路票样张

（2）调度命令

调度命令是指在按照行业规定进行某项作业时由调度员向相关受令处所及人员发布的作业指令，调度命令具有严肃性、授权性和强制性，如图 3-4 所示。行车调度命令只能由当班的行车调度员发布，且一事一令，先拟后发。接调度命令后，行车值班员签名处须由当班的值班员手写。缺少行车专用章的调度命令不能作为行车凭证使用。调度命令的填写必须符合固定的规范。

调 度 命 令

__年__月__日__时__分　　　　第 __号

受令处所		调度员姓名	
内 容			

受令车站：　　　　行车值班员：

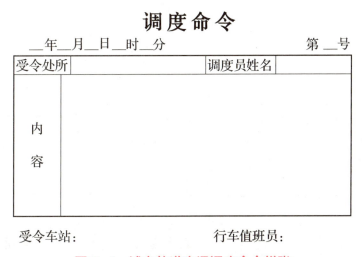

图 3-4　城市轨道交通调度命令样张

2. 车站行车记录

在列车运行及设备保养等工作中，车站行车人员及设备保养相关人员根据作业现场的实际情况而记录下来的原始资料称为车站行车记录。车站行车记录的种类主要有车站值班站长工作日志（图 3-5）、车站设备故障检修登记本和行车日志（图 3-6）等。各类型的车站行车记录都应由车站行车工作人员认真及时地填写，做到填记正确、字迹清晰。

车站值班站长工作日志

当班值班站长：　　　　　　　　　　年　月　日 星期　天气　　班

当班情况	岗位安排				会议记录及文件（上级通知）传达
		岗位	姓名	岗位	

当班情况	当班重要事件	施工安全预想

交班情况	重点事项	备品交接	乘客事务
		违章违纪	安全情况
		交接班确认	
		交班值班站长：	接班值班站长：
		交接班时间	年　月　日　时　分

备注：1. 必须用黑色圆珠笔填写，字迹严禁潦草，填写错误需用红笔沿中部划水平“-”线并签章或签名确认，原则上签章确认。

2. “交接班事项”栏：下班前应将当天需重点交班的内容填写在此处，必须保证连续3个班交接完整并传达到相关人员并留有记录；检查人员检查交接班情况只以此为准，同时可抽查相关人员确认交接班落实情况，其他项目为辅助内容。

图 3-5　车站值班站长工作日志样张

行 车 日 志

____年__月__日__班　天气___　　　　　　　　交班人________　接班人________

列车运行计划						上级文件及指示	交接班注意事项
路票		钥匙		其他备品			

上行										下行									
车次	到达				出发				备注	车次	到达				出发				备注
	电话记录号码及收发时分		邻站出发	本站到达	电话记录号码及收发时分		本站出发	邻站到达			电话记录号码及收发时分		邻站出发	本站到达	电话记录号码及收发时分		本站出发	邻站到达	

图 3-6　行车日志样张

西门子设备操作

三、车站信号系统工作站的功能及操作概述

车站信号系统工作站也称为车站 ATS 工作站或车站操作员工作站（Local Operation Workstation，LOW），因国内城市轨道交通企业的信号系统生产厂商不同，故车站信号系统工作站的英文缩写及系统操作也不尽相同，下面以 LOW 为例进行介绍。

1. LOW 的组成

LOW 一般是由一台主机、一台彩色显示器（最多可连接 4 台彩色显示器）、一台记录打印机、一个键盘、一只鼠标和一对音箱组成。设备状况及行车状况均在彩色显示器上显示，有操作权限的人员（通常指行车值班员）通过操作鼠标和键盘以输入命令的方式实现对车站信号系统工作站的控制。

2. LOW 的屏幕显示

LOW 的屏幕显示可分为三部分，自上而下分别是基础窗口、主窗口和对话窗口。

（1）基础窗口

LOW 启动后在界面上第一个显示的窗口为基础窗口，用于显示基础菜单（如图 3-7 所示），主要包括登录 / 退出按钮，联锁区按钮，A 级、B 级和 C 级报警按钮，管理按钮，记录

按钮，声音按钮，日期和时间的显示以及版本号等信息。

1）登录/退出按钮。

登录/退出按钮位于基础窗口的最左边，由一个按钮和一个输入区组成。进入 LOW 执行操作前，要用鼠标的左键单击登录按钮；登录按钮变为姓名显示且在下面出现一个输入框，将光标移到输入框，再通过键盘输入正确的姓名后，按回车键确认。

之后姓名显示变更为口令显示且在下面出现一个输入框，将光标移到输入框，再通过键盘输入正确的口令后，按回车键确认。

LOW 将检查姓名及口令，如正确则登录按钮将更改为退出按钮且下方的输入框将当前使用者的姓名灰显，这表明已成功登录 LOW，可根据权限对 LOW 进行操作；若输入的姓名或口令不被系统认可，则系统依旧处于待登录状态。

成功登录 LOW 后，可通过单击退出按钮来实现退出 LOW 操作系统，系统再次回到待登录状态。

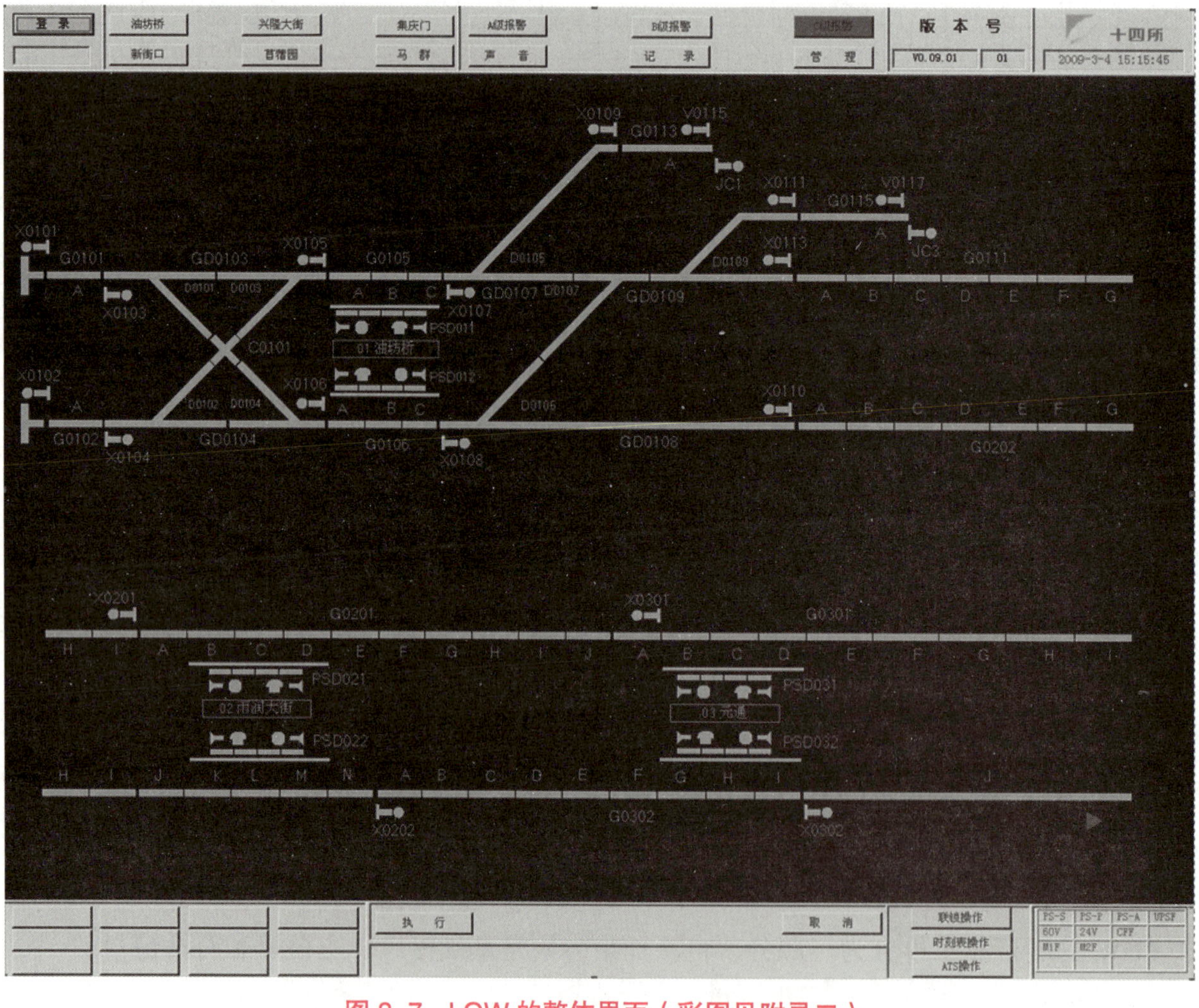

图 3–7　LOW 的整体界面（彩图见附录二）

2）联锁区按钮。

联锁区按钮位于登录/退出按钮的右端，用于在主窗口中显示联锁区的站场图。

3）A 级、B 级和 C 级报警按钮。

A 级、B 级和 C 级报警按钮位于联锁区按钮的右端，三个报警单按钮可以分别打开相应的报警单并在主窗口中显示出来。

A 级报警级别最高，B 级报警级别次之，C 级报警级别最低；如果不存在报警，则报警按钮显示灰色；一旦出现报警，则相应级别的报警按钮开始闪烁并发出报警声音；报警级别越高，报警声越持久且越响亮。接到报警后，行车值班员要对报警（仅针对 A 级和 B 级报警）进行确认，只需单击相应的报警按钮，就可以打开相应的报警单，然后选择需要确认的报警信息，再在对话窗口中单击报警确认按钮便可对报警进行应答。报警单中只要有一个报警未被应答，报警按钮就会一直保持红色闪烁状态并发出报警声音；当报警单中的所有报警都被应答后，报警按钮呈稳定红色状态且报警声关闭。

特别注意：LOW 中的 C 级报警无需操作员的应答（因在其出现时，LOW 会自动应答），故 C 级报警按钮不会闪烁，也没有报警声音。当引起报警的故障在设备中被排除后，设备发出故障排除报告；故障排除报警如果被应答，该报警信息将会从报警单中删除；如果报警单中不再有报警时，报警按钮将重新显示为灰色。

A 级、B 级和 C 级报警单的格式完全一致，共由六栏组成：

第一栏显示属于 A 级、B 级或 C 级的级别；

第二栏显示 48 小时内的记录所产生的日期和时间；

第三栏显示在应答时被通知的使用者姓名或尚未应答时的“* * * * * *”，若有事件存在则在其姓名前出现一个“+”号，若事件已消失则在姓名前出现一个“–”号；

第四栏显示电子联锁名称、站名或 RTU 及 ATP 等；

第五栏显示要素名称；

第六栏显示文字报告及故障原因等。

4）管理按钮。

管理按钮位于 C 级报警按钮的下方，只有用管理员身份及密码登录才可显示出来并可设置或更改操作员的操作权利，不以管理员身份登录时此按钮显示灰色。

5）记录按钮。

记录按钮位于管理按钮的左边，点击该按钮便可打开 48H 调档清单及 48H 调档对话。

记录按钮按照三个不同的级别（A 级、B 级和 C 级）将电子联锁装置在 48 小时内发生的特别情况记录存档，48 小时后记录被自动删除。

48H 调档清单在主窗口中显示，记录内容按时间逆序自动存储起来（即调档的最新记录排在最上方且 A 级、B 级和 C 级的格式完全一致）。

48H调档对话出现在对话窗口中，分别有“各类”“A级”“B级”“C级”和“打印清单”等；若需显示所有记录，选择“各类”选项卡即可；若需显示“A级”“B级”和“C级”记录，则分别单击“A级”“B级”和“C级”选项卡即可;若需打印记录，选择“打印清单”选项卡即可。

48H调档清单的格式由六栏组成:

第一栏显示A级、B级或C级。

第二栏显示48H调档记录的产生日期和时间。

第三栏显示安全相关操作的指令计数，如无指令计数，则出现“******”。

第四栏显示登录进入的操作员姓名，若无操作员登录进入则出现“******”，若事件正存在则在操作员姓名前出现一个“+”号，若事件已消失则在操作员姓名前出现一个“–号。

第五栏显示联锁和要素的名称。

第六栏显示文字记录信息。

6）声音按钮。

声音按钮位于记录按钮的左边，操作员在听见报警声音时只需单击声音按钮便可关闭报警声音，直到下一次报警声音出现。

7）日期和时间显示。

日期和时间显示内容位于基础窗口界面的最右端，每日须对日期和时间进行核查确保精准，因为所有的记录都以这个日期和时间加以载明；若时间误差较大，可通知维修人员予以调整。

8）版本号。

版本号位于日期和时间显示的左边，在故障信息报告中必须载明版本号。

（2）主窗口

主窗口主要用于显示联锁区的站场轨道布置图和行车情况，必要时还用于显示A级、B级和C级报警单或48H调档。

启动LOW后，显示整个联锁区的轨道布置图，选择相关元件后便可进行相应的操作。

（3）对话窗口

对话窗口位于LOW界面的下方，主要由命令按钮栏、执行按钮、取消按钮、记事按钮以及综合信息显示栏组成:

1）命令按钮栏——命令按钮栏位于对话窗口的左端，可以显示当前可供操作员操作的所有命令按钮。命令按钮栏可根据不同要素的选择以显示所选要素的所有操作指令，若没有选择任何要素，则命令按钮栏显示的命令为对整个联锁区的操作指令。

2）执行按钮——执行按钮用于执行当前的操作。单击了执行按钮后，当前的操作就会被联锁记录并执行。

3）取消按钮——取消按钮用于取消当前的操作。

4）记事按钮——记事按钮用于打开记事输入框以查看记录情况（平时较少使用）。

5）综合信息显示栏——综合信息显示栏位于对话窗口的右端，用来显示信号系统的各种供电情况以及自排、追踪情况等。若某系统的供电正常，则相应信息的显示为绿色字体；反之则为红色字体。若没有打开自排功能，则“自排全开”的字体为白色；一旦打开了自排功能，则“自排全开”的字体变更为绿色。对于进路情况，若打开了追踪功能，则“追踪进路”的字体为黄色；反之“追踪进路”的字体为白色。

3. LOW 的操作使用

LOW 的操作使用主要包括进路的操作、安全相关命令的操作、联锁的操作、轨道区段的操作、道岔的操作及车站的操作等。

（1）进路的操作

信号系统正常时，进路可自动排列；必要时也可在控制中心的 HMI 上或车站的 LOW 上排列进路。

1）排列基本进路。

在 LOW 上要排列一条基本进路，只需用鼠标的左键单击 LOW 主窗口上要排列进路的始端信号机，再用鼠标的右键单击要排列进路的终端信号机，所选始端信号机和终端信号机都会被打上灰色的底色，然后在对话窗口的命令显示栏中用鼠标左键单击“排列进路”命令，最后用鼠标左键单击对话窗口中的“执行”按钮。

届时，联锁计算机就会自动检查该进路的建立条件。如满足了进路的建立条件，则相应的进路会自动建立并进入相应的监控层；如果达到了主信号层且始端信号机正常时，则始端信号机就会自动开放；如只达到了引导层，则始端信号机不会自动开放，只在满足开放引导信号的条件后进行人工开放引导信号。

2）取消基本进路。

在 LOW 上要取消一条已排好的进路，只需用鼠标的左键单击 LOW 主窗口上该进路的始端信号机，再用鼠标的右键单击该进路的终端信号机，此时所选的始端信号机和终端信号机都会被打上灰色的底色，然后在对话窗口的命令显示栏中用鼠标的左键单击“取消进路”命令，最后用鼠标的左键单击对话窗口的“执行”按钮。

3）排列（或取消）变更进路。

在 LOW 上，“变更点”为红色三角形。在始端信号机到终端信号机之间有两条及以上不同路径的情况下，为区分这些不同的路径而设置了“变更点”，其目的是提高运营的效率。

在 LOW 上，要排列一条变更进路，只需用鼠标的左键单击主窗口上要排列进路的始端信号机，再用鼠标的右键单击“变更点”，最后用鼠标的右键单击要排列进路的终端信号机，此时所选的始端信号机、“变更点”和终端信号机均会被打上灰色的底色，再在命令显示栏中用鼠标的左键单击“排列进路”命令，最后用鼠标的左键单击对话窗口中的“执行”按钮。

在 LOW 上，要取消一条已排好的变更进路，只需用鼠标的左键单击主窗口上该进路的始端信号机，用鼠标的右键单击“变更点”，再用鼠标的右键单击该进路的终端信号机，此时所选的始端信号机和终端信号机都会被打上灰色的底色，然后在命令显示栏中用鼠标的左键单击“取消进路”命令，最后用鼠标的左键单击对话窗口中的“执行”按钮（也可直接用取消基本进路的方法予以取消）。

特别注意：在对 LOW 进行各项操作的过程中，只有在排列进路及取消进路时才会用到鼠标的右键，其他的操作均只用鼠标的左键。

（2）安全相关命令的操作

在 LOW 与联锁系统之间传输正确的前提下，若不能执行常规命令或执行后得不到正确的结果，则可采用“安全相关命令”操作以提高或重建联锁设备的有效性。届时，操作员负责安全，必须输入正确的命令。

安全相关命令是指该命令执行后可能会影响行车安全或设备安全的命令。安全相关命令的底色为淡蓝色。选择了将要执行的安全相关命令并用鼠标左键单击“执行”按钮后，受到安全操作影响的要素底色在图像中转换为橙色，表示该要素已被“电子联锁”标记。

例如，对道岔 D0102 进行强行转岔。道岔 D0102 的原始状态为灰色，作为被选要素则由灰色转换为淡蓝色；被电子联锁标记用于安全操作时则由淡蓝色转换为橙色。此时，在对话窗口的左下方会出现新的“对话请求”，要求核查所需的安全操作，如图 3–8 所示。此时须核查的内容如下：

1）在主窗口左下方显示的命令是否与输入的命令一致。

2）输入的命令是否完全符合想输入的命令。

3）所选的要素是否已被标记。

4）红色、绿色和蓝色三种颜色中的两条彩条颜色是否一致且上一行静止、下一行闪烁。

5）带红条的圆圈（情况探测器）是否旋转。

在上述条件均满足后，必须在 15 s 内按压“释放 1”键，在 10 s 内按压“释放 2”键，否则安全相关命令的操作将会被自动取消；在未单击“释放 2”键之前还可通过单击“取消”键来实现取消安全相关命令的操作。

安全相关命令只有在 LOW 上才可操作，操作完毕后必须在值班日记登记簿中做好相应的记录。

图 3-8 安全相关命令的操作对话框（彩图见附录二）

（3）联锁的操作

在 LOW 显示屏的空白处单击鼠标左键或刚登录进入后出现在命令栏内的所有命令均为对联锁设备操作的命令，具体如下：

1）常规命令。

①自排全开。自排全开的条件是所有具有自排功能的信号机的追踪进路功能关闭而把本联锁区的全部信号机的功能设置为自动排列进路状态（根据目的地码自动排列进路）。

②自排全关。把本联锁区的全部信号机设置为人工排列进路状态。

③追踪全开。追踪全开的条件是所有具有追踪功能的信号机的自排功能关闭而把本联锁区的全部信号机的功能设置为由联锁自动排列追踪进路状态（根据接近区段自动排列固定方向的进路）。

④追踪全关。把本联锁区的全部信号机取消由联锁自动排列追踪进路状态。

⑤关区信号。关闭并封锁联锁区的全部信号机。

⑥交出控制。交出控制即交出控制权。只有在 LOW 上执行了交出控制操作后，控制中心的中央级 ATS 系统才可执行接收控制，进而取得控制权并对联锁进行一系列常规命令的操作。但在 LOW 故障情况下，不需要在 LOW 上执行交出控制的操作而 LOW 的控制权便可自动切换到控制中心的中央级 ATS 系统中去。

⑦接收控制。接收控制的条件是控制中心的中央级 ATS 系统已交出控制权。只有在 LOW 接收控制权后，在 LOW 上的操作才会有效。当中央级 ATS 系统发生故障时，车站不必操作接收控制的命令即可自动地完成控制权由中央级 ATS 系统向车站级 ATS 系统的转移。

2）安全相关命令。

①强行站控。强行站控是指车站强行取得控制权，即在中央级 ATS 系统没有下放控制权的情况下也可通过该操作来取得 LOW 对车站的控制权并对联锁设备进行相关的操作。

②重启令解。西门子计算机辅助信号（Siemens Computer Aided Signal，SICAS）系统重新启动（仅指 SICAS 重启而非指 LOW 重启）后，解除全部命令的锁闭。在执行此命令前，除全区逻空命令外，系统禁止执行其他任何命令。

③全区逻空。全区逻空是将本联锁区内的全部轨道区段设置为逻辑空闲。

（4）轨道区段的操作

对轨道区段进行操作须用鼠标的左键单击 LOW 主窗口上的轨道元件或轨道元件编号，

届时所选元件被打上灰色的底色，然后在命令显示栏中用鼠标的左键单击所需的命令，最后用鼠标的左键单击对话窗口中的“执行”按钮。

1）物理空闲和物理占用、逻辑空闲和逻辑占用。

轨道区段的物理空闲是指列车检测设备反映的实际没有被列车占用。轨道区段的物理占用是指列车检测设备反映的实际上已被列车占用。

轨道区段有车占用，轨道继电器落下，为物理占用；轨道区段空闲，轨道继电器吸起，则为物理空闲。

当轨道区段物理占用时，系统认为该区段也属逻辑占用。

当轨道区段从物理占用状态切换到物理空闲状态时，系统将结合相邻区段的变化情况来判断是否符合列车的实际运行轨迹；如符合，则认为该轨道区段为逻辑空闲；否则，认为该轨道区段为逻辑占用。

为了更好地判断逻辑空闲状态，当系统引进了一个 kick-off 状态时，便认为该轨道区段逻辑空闲并重置 kick-off；否则仍为逻辑占用。

物理空闲、物理占用与逻辑空闲、逻辑占用之间的相互关系如下：

①物理占用状态一定产生逻辑占用状态。

②逻辑占用状态并不一定对应物理占用状态。

③逻辑空闲状态一定对应物理空闲状态。

④物理空闲状态不一定对应逻辑空闲状态。

⑤本区段和相邻区段的同时占用状态会产生一个相应的 kick-off 控制状态；在轨道区段由物理占用状态变更为物理空闲状态时，如果该轨道区段的两个 kick-off 均记录了同时被列车占用的状态，则该区段为逻辑空闲状态并重置 kick-off 状态。

2）轨道区段在 LOW 上的显示。

①轨道区段的编号。轨道区段的编号呈现稳定的白色为正常状态，呈现稳定的灰色为无数据；轨道区段的编号呈现闪烁状态时，表示轨道区段与 ATP 连接中断。

②轨道区段体部。轨道区段（含道岔区段）有六种优先等级颜色在 LOW 上显示，优先级从高到低依次为：灰色、深蓝色、红色、粉红色、绿色（或淡绿色）和黄色。如通过某一轨道区段排列进路后，若此区段发生红光带故障，则此区段优先显示红色，同时覆盖了绿色和黄色。

轨道区段六种优先等级颜色的具体含义如下：

轨道区段呈现黄色：常态、空闲、没有被进路征用。

轨道区段呈现绿色：空闲、被进路征用。

轨道区段呈现淡绿色：空闲、被进路征用为保护区段。

轨道区段呈现红色：物理占用。

轨道区段呈现粉红色：逻辑占用。

轨道区段中部呈现深蓝色：该区段已被封锁，拒绝通过该区段排列任何进路（如果轨道区段中部呈现深蓝色闪烁，表示对该区段已进行了封锁操作，但对下一条进路方才有效）。

轨道区段呈现灰色：无数据（FTGS 轨道电路设备与 SICAS 计算机连接中断）。

轨道区段颜色稳定：正常。

轨道区段颜色呈现闪烁：在延时解锁中。

③运营停车点。设置运营停车点是为了满足正常运营的需要。设置了运营停车点，列车必须在站台区段停车；待列车已停稳在站台区段后，此时取消运营停车点，列车可采用 SM 或 ATO 驾驶模式启动；在列车还未进站停车时便取消了运营停车点，列车可以以 45 km/h 的速度通过车站。

运营停车点可以自动设置，也可人工设置。当采用 ATS 模式或 RTU 模式时，运营停车点可自动取消。当 ATS 模式和 RTU 模式发生故障时，需要人工取消运营停车点。

只有站台区段才会显示运营停车点，其他非站台区段并无该显示。

运营停车点处呈现红色为常态，表示设置了停车点；运营停车点处呈现绿色，表示取消了运营停车点。

④紧急停车显示标记。当按压紧急停车按钮时，LOW 上相应的站台区段会出现一个红色闪烁的“小蘑菇”，紧急停车生效。

紧急停车作用的有效范围是相应的站台区段及其相邻的区段。

按压了取消紧停按钮后，LOW 上的红色小蘑菇会消失，列车可以正常运行。

只有在站台区段才会出现紧急停车显示标记，其他非站台区段并无该显示。

⑤区段限速标记。如果区段设置了限速，限速的列车最高运行速度会以红色的 60、45、30、15 字样在相应的区段下方显示出来；此时，列车通过该区段的最高速度不能大于此限制速度；可设置的速度分别为 60 km/h、45 km/h、30 km/h 和 15 km/h 四种。

3）常规命令。

①封锁区段。执行封锁区段命令后，则不能通过该轨道区段排列任何进路；如果该轨道区段已存在进路后再执行封锁区段命令，则封锁区段命令只对下一条进路有效。

②终止站停。执行终止站停命令后，运营停车点被取消。

③换上至下。换上至下命令执行的有效条件是列车以 SM、ATO 模式驾驶且列车占用了有换上至下功能的轨道区段且未排列要办理的反向进路。执行换上至下命令后，驾驶室从上行方向变更至下行方向（假设列车原先启动了 A 端驾驶室，在执行换上至下命令后，信号系统在关闭 A 端驾驶室的同时启动了 B 端驾驶室）。

④换下至上。换下至上命令执行的有效条件是列车以 SM、ATO 模式驾驶且列车占用了

有换下至上功能的轨道区段且未排列要办理的反向进路。执行换下至上命令后，驾驶室从下行方向变更至上行方向。

4）安全相关命令。

①解封区段。执行解封区段命令后，能取消对该区段的封锁，允许通过该轨道区段排列进路。

②强解区段。执行强解区段命令后，能解锁进路中的轨道区段；如果进路的接近区段及进路均无车占用，则区段会立刻解锁；若仅在进路的接近区段有车占用，则区段会延时 30 s 解锁。

③轨区逻空。执行轨区逻空命令后，能使轨道区段设置为逻辑空闲。

④轨区设限。轨区设限命令的执行条件是只在没有建立进路的情况下执行。设限只能从高往低设置而不能从低往高设置。如原来设置了 15 km/h 的限速，此时不能直接再设置为 30 km/h 的限速，应在轨区消限后才可设置为 30 km/h 的限速；但如原来设置了 60 km/h 的限速，则无需在轨区消限的情况下可直接设置为 45 km/h、30 km/h 和 15 km/h。执行轨区设限命令后，可对轨道区段设置限速，限制速度可设为 15 km/h、30 km/h、45 km/h 和 60 km/h。

⑤轨区消限。轨区消限命令的执行条件是在 LCP 上用消限钥匙接通消限电路（消限钥匙顺利插入钥匙孔内顺时针旋转 90°）且在 30 s 内完成消限操作。执行轨区消限命令后，将取消对轨道区段的限速。

（5）道岔的操作

对道岔进行操作，须用鼠标的左键单击 LOW 主窗口上的道岔元件或道岔元件编号，届时所选元件会被打上灰色的底色，然后在命令显示栏中用鼠标的左键单击所需的命令，最后用鼠标的左键单击对话窗口中的“执行”按钮。

1）常规命令。

①单独锁定。对道岔执行单独锁定命令后，可以锁定该道岔（电子锁定），阻止该道岔通过电操作转换。

②转换道岔。转换道岔命令的执行条件是道岔区段逻辑空闲、道岔没有被锁闭（没有被进路、保护区段、侧面防护征用）、道岔没有被挤岔和道岔没有被单独锁定。执行转换道岔命令后，可以将道岔从一个位置转换到另一个位置。

③封锁道岔。对道岔执行封锁道岔命令后，可禁止通过该道岔排列任何进路；此时，依旧可对该道岔执行转换道岔命令而对道岔进行位置转换。

2）安全相关命令。

对道岔执行的安全相关命令与对轨道区段执行的安全相关命令是一致的。

①取消锁定。对道岔执行取消锁定命令后，可取消对该道岔的锁定（电子锁定），此后该道岔可通过执行转换道岔命令实现自由转动。

②强行转岔。强行转岔命令的执行条件是道岔区段非逻辑空闲、道岔没有被挤岔、道岔没有被单独锁定和道岔没有被锁闭（没有被进路、保护区段、侧面防护征用）。执行强行转岔命令后，可以强行将道岔从一个位置转换到另一个位置。

③解封道岔。执行解封道岔命令后，能取消对该道岔区段的封锁，允许通过该道岔区段排列进路。

④强解道岔。执行强解道岔命令后，能解锁进路中的道岔区段；如果进路的接近区段及进路均无车占用，则道岔区段会立刻解锁；若仅在进路的接近区段有车占用，则道岔区段会延时 30 s 解锁。

⑤岔区逻空。执行岔区逻空命令后，可将道岔区段设置为逻辑空闲。

⑥岔区设限。若对道岔区段执行了“岔区设限”命令，则可对道岔区段设置限速，限制速度可设为 15 km/h、30 km/h、45 km/h 和 60 km/h。

⑦岔区消限。岔区消限命令的执行条件是在 LCP 上用消限钥匙接通消限电路（消限钥匙顺利插入钥匙孔内顺时针旋转 90°）且在 30 s 内完成消限操作。执行岔区消限命令后，将取消对道岔区段的限速。

⑧挤岔恢复。挤岔恢复命令的执行条件是道岔没有被锁闭（没有被进路、保护区段、侧面防护征用）、道岔被挤岔（在 LOW 上有挤岔显示）、道岔没有被单独锁定（无论道岔区段是处于逻辑占用状态还是逻辑空闲状态均可对该道岔执行“挤岔恢复”命令）。执行挤岔恢复命令后，挤岔的逻辑标记将会消失，道岔会转换到某一个位置。

（6）车站的操作

车站在 LOW 上显示站名、车站框和选择框。

车站名呈现稳定的绿色：车站处于车站控制（站控、局控）状态。

车站名呈现稳定的白色：车站处于 OCC 控制（遥控）状态。

车站名呈现闪烁的绿色：车站交出控制但 OCC 尚未接收（控制权仍属于车站）状态。

车站名呈现闪烁的白色：OCC 交出控制但车站尚未接收（控制权仍属于 OCC）状态。

四、道岔的组成及操作概述

道岔是供列车或车辆转线的连接设备，通常设置在车站及车辆段（停车场）内，是线路的重要组成部分。普通单开道岔如图 3-9 所示。

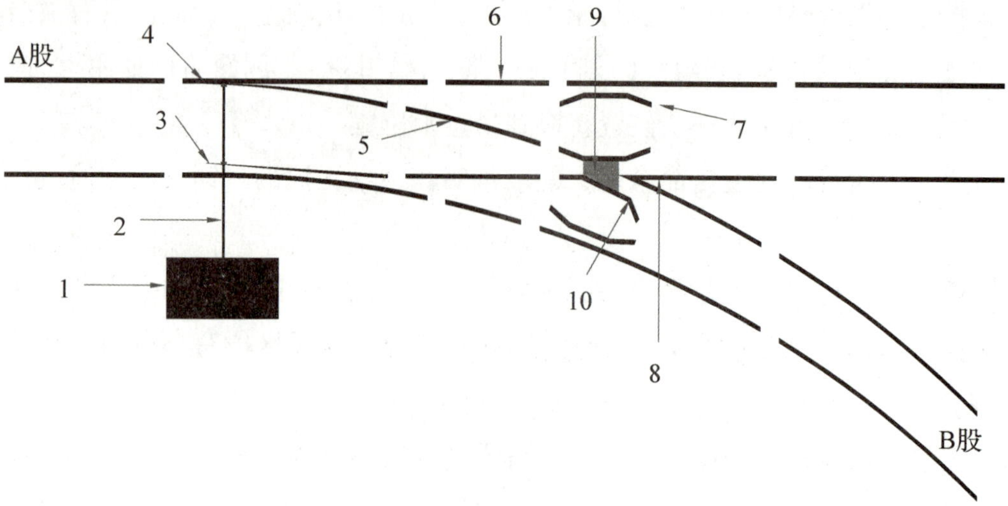

图 3-9　普通单开道岔

1—转辙机械；2—连接杆；3—尖轨；4—基本轨；5—导曲线轨；6—连接部分；
7—护轨；8—辙叉心；9—有害空间；10—翼轨

1. 道岔的状态

1）定位状态，一般是指道岔除清洗、检查或修理外而经常开通的位置。

2）反位状态，一般是指道岔需临时变更定位状态的位置。

3）转换状态，又称动作状态，即道岔正由“定位”状态向“反位”状态动作或正由“反位”状态向“定位”状态动作。

4）四开状态，在非“转换”状态下，道岔的任何一组尖轨均不密贴于基本轨的状态。道岔四开也称为道岔定反位无表示。道岔位置的表示是由道岔实际开通的位置、转辙机上的自动开闭器接点位置和道岔表示继电器的位置这三者的“一致性”来反映的，即：这三者的位置一致时，LOW 上才能正确地反映出道岔的实际位置；若其中的一个位置不正确，则在 LOW 上反映道岔处于四开状态（道岔在正常转换的过程中除外）。

2. 手摇道岔

正常情况下，道岔采用遥控操作、电气锁闭。在故障情况下，道岔采用现地手摇、人工锁闭。一般来说，道岔的操作由扳道员专人负责，没有扳道员的车站可由值班站长指定能够胜任该工作的其他人员进行操作。

（1）手摇道岔的器具

手摇道岔的器具主要有钩锁器、扳手、挂锁、手摇把、转辙机钥匙、信号旗、信号灯、荧光背心、手套和对讲机等，如图 3-10 所示。

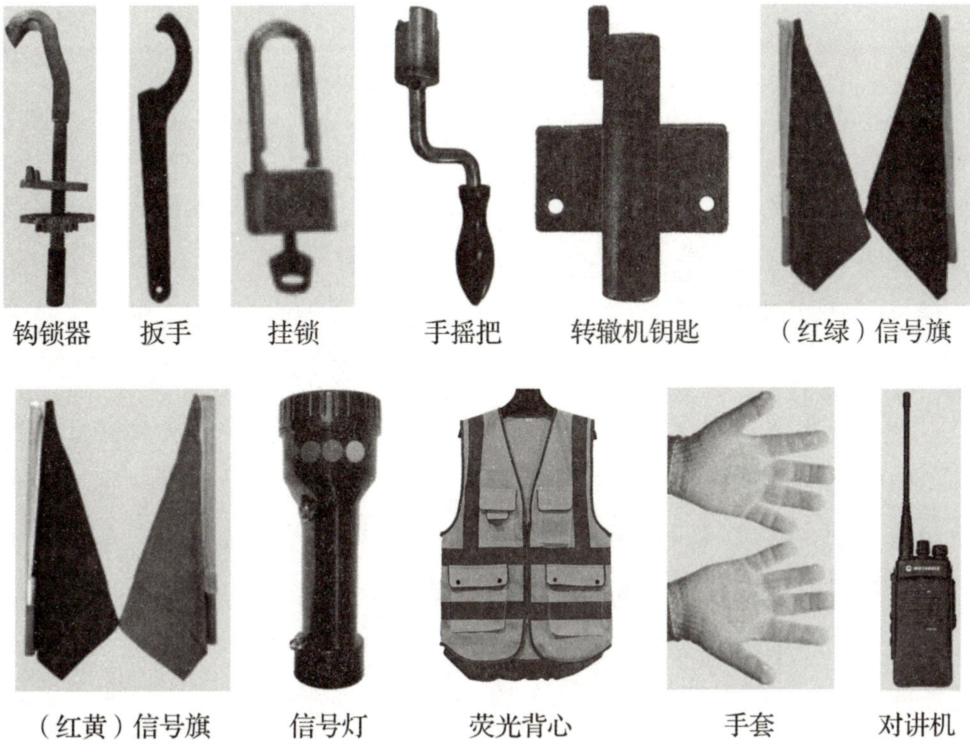

图 3-10　手摇道岔的器具（彩图见附录二）

（2）手摇道岔的流程

手摇道岔的流程共有六个步骤，即“手摇道岔六部曲”。

第一步【看】（查看）：查看道岔开通的位置是否正确、是否需要改变道岔开通的位置、道岔上是否有钩锁器、道岔尖轨与基本轨之间的空隙是否有异物存在。

第二步【开】（打开）：打开道岔转辙机盖孔板锁（若道岔上加有钩锁器，应先打开钩锁器的挂锁，后打开钩锁器，再打开道岔转辙机盖孔板锁）。

第三步【摇】（摇动）：通过手摇把摇动道岔转向所需的位置，在听到转辙机的“咔嚓”落槽声后停止摇动；如摇动时间较长也未曾听到“咔嚓”落槽声，则先将道岔摇回去听到“咔嚓”声后再摇回来，直到听见“咔嚓”声为止；如道岔有主、副两台转辙机，则应有两次“咔嚓”落槽声发出。

第四步【确】（确认）：眼看、手指尖轨，口呼：“尖轨密贴，开通左（右）位”（和另一人共同确认）。

第五步【锁】（加锁）：在另一人确认道岔开通正确位置后，用钩锁器锁定道岔（加锁位置位于尖轨后第二、三轨枕之间）。

第六步【汇】（汇报）：向车站控制室汇报道岔开通位置正确，标准用语是：“× 号道岔开通 × 位，尖轨密贴，已加锁，人员工具已出清。”

思考与练习

一、填空题

1.《城市轨道交通行车组织管理办法》规定行车组织方法由高至低分别为移动闭塞法、准移动闭塞法、进路闭塞法和__________四种。

2. 行车调度人员应根据__________具备的功能层级，由高至低使用相应的行车组织方法。

3. 在__________闭塞技术中，其闭塞分区仅仅是保证列车安全运行的逻辑间隔，它与实际线路上的物理间隔没有任何对应关系。

4. 移动闭塞与固定闭塞在设计及技术实现方面均有很大的区别，列车定位、安全距离和__________是移动闭塞技术中最为重要的三个要素。

5. __________是移动闭塞实现的基础。

二、单项选择题

1. 在以下选项中，(　　)属于LOW（西门子设备）系统界面的基础窗口。

A. 时刻表操作按钮　　B. 记录按钮

C. 执行按钮　　D. 取消按钮

2. 在以下选项中，(　　)属于LOW（西门子设备）系统界面的对话窗口。

A. 登录 / 退出按钮　　B. 综合信息显示栏

C. 联锁区按钮　　D. C级报警按钮

3. LOW（西门子设备）的安全相关命令操作必须在15 s内按压“释放1”键，在(　　)内按压“释放2”键，否则安全相关命令的操作将会被自动取消。

A. 5 s　　B. 8 s　　C. 10 s　　D. 12 s

4. LOW（西门子设备）的轨道区段编号呈现稳定的(　　)为正常状态。

A. 粉红色　　B. 红色　　C. 黄色　　D. 白色

5. LOW（西门子设备）的轨道区段编号呈现稳定的(　　)为无数据。

A. 粉红色　　B. 灰色　　C. 黄色　　D. 白色

6. LOW（西门子设备）的轨道区段（含道岔区段）有六种优先等级颜色在LOW上显示，优先级最高的颜色为(　　)。

A. 粉红色　　B. 灰色　　C. 黄色　　D. 白色

7. LOW（西门子设备）的轨道区段呈现(　　)表示该轨道区段处于“常态、空闲、没有被进路征用”。

A. 粉红色　　B. 灰色　　C. 黄色　　D. 白色

8. LOW（西门子设备）的轨道区段呈现（　　）表示该轨道区段处于“逻辑占用”。

A. 粉红色　　B. 绿色　　C. 红色　　D. 白色

9. LOW（西门子设备）的轨道区段呈现（　　）表示该轨道区段处于“无数据（FTGS 轨道电路设备与 SICAS 计算机连接中断）”。

A. 粉红色　　B. 灰色　　C. 深蓝色　　D. 白色

10. LOW（西门子设备）的车站名呈现稳定的（　　）表示车站处于车站控制（站控、局控）状态。

A. 红色　　B. 黄色　　C. 灰色　　D. 绿色

三、判断题

1. LOW（西门子设备）的车站名呈现稳定的白色表示车站处于 OCC 控制（遥控）状态。（　　）

2. LOW（西门子设备）的车站名呈现闪烁的绿色表示 OCC 交出控制但车站尚未接收（控制权仍属于 OCC）状态。（　　）

3. LOW（西门子设备）的信号机被封锁后可以开放主信号。（　　）

4. LOW（西门子设备）在执行强解区段命令后，能解锁进路中的轨道区段；如果进路的接近区段及进路均无车占用，则区段会立刻解锁；若仅在进路的接近区段有车占用，则区段会延时 60 s 解锁。（　　）

5. 缺少行车专用章的调度命令不能作为行车凭证使用。（　　）

课题二　车站行车作业管理

课题目标

1. 熟悉行车作业制度。
2. 掌握车站行车作业组织。

车站行车作业主要是指列车接发作业及列车折返作业等。车站行车作业应按照列车运行图的要求不间断地接发列车与折返列车，确保行车安全及乘客安全。

一、车站行车作业制度

为加强车站行车作业组织，必须建立和健全各项行车作业制度，做到行车作业制度化、程序化、标准化。车站行车作业制度主要有行车值班员岗位责任制度、车站交接班制度、检修施工登记制度、道岔擦拭制度、巡视检查制度和车站行车事故处理制度等。

1. 车站交接班制度

车站行车值班员交班时，应将列车运行状态、设备状态、上级指示和命令及完成情况等填记在“交接班登记簿”上并口头向接班的行车值班员交代 清楚。

车站行车值班员在接班时，要了解列车的运行情况，对行车设备、备品、报表进行检查后签认接班。内、外勤车站行车值班员实行对口交接。

2. 检修施工登记制度

各项检修施工作业，车站行车值班员应根据检修施工计划向检修施工负责人交代有关的注意事项后才可登记。凡影响行车作业的临时设备抢修均应与行车调度员确认作业的时间和地点后才可登记。检修施工作业结束后，行车设备经试验并确认技术状态良好后才可签认注销。

3. 道岔擦拭制度

1）道岔必须由专人负责，定期擦拭。

2）擦拭道岔，必须与行车调度员联系，办理控制权下放手续。

3）擦拭道岔时，车站控制室要有人监护，不准随意扳动道岔。

4）擦拭道岔人员一律穿绝缘靴，携带防护用具，擦拭前放置木楔，无关人员不得擅自进入道岔区。

5）如需转换道岔，室内监护人员应与现场擦拭人员进行联系，确认需转换道岔的号码及定、反位。

6）道岔擦拭完毕，要认真清理现场，清点工具，撤除木楔，检查有无妨碍列车运行及道岔转换的物品。

7）试验道岔并确认良好后，与行车调度员办理控制权上交手续，有关按钮应由信号人员加封并做好记录，填写《道岔擦拭登记簿》。

4. 巡视检查制度

送电前，车站值班员应进行站线巡视，检查线路上有无影响列车运行的异物。对站内检修施工后的现场进行巡视检查，复核检修施工的登记与注销情况等。

5. 车站行车事故处理制度

1）发生行车事故后，应立即采取有效措施进行处理且向行车调度员及有关部门报告。

2）认真记录事故发生的时间、地点、列车车次、车号、关系人员姓名及人员伤亡和设备损坏情况。

3）赶赴现场，查找人证与物证并做好记录。

4）清理现场，尽快开通线路并恢复运营。

5）对责任行车事故，应认真找出原因，提出处理意见，制定防范措施。

二、车站行车作业组织

1. 列车进路办理

（1）列车进路及联锁概念

列车在车站上的到达、出发或通过时所经过的一段线路称为列车进路。列车进路的排列涉及道岔位置的转换，列车进路的防护由设置在进路入口处的信号机担当。为确保列车进路的安全，道岔、进路和信号机三者之间相互联系又相互制约的关系称为联锁。联锁设备是实现联锁关系的技术设备。

联锁关系具有以下特点：

1）只有在进路上的有关道岔开通位置正确并锁闭、敌对进路尚未排列，防护这一进路的信号机才能开放。

2）当防护某一进路的信号机开放后，该进路上的所有道岔均不能再转换。

3）当防护某一进路的信号机开放以后，与该进路构成敌对关系的敌对进路的信号机均不能开放。

（2）列车进路办理

在采用计算机联锁设备时，列车进路的办理可在操作员工作站上进行。

在工作站显示器窗口上进行相关操作，计算机根据输入的操作命令，经过联锁判断，自动建立进路、开放信号。当列车驶入进路后，防护信号机关闭，随着列车的运行，进路可逐段解锁。

2. 电话闭塞法下的车站行车作业组织

采用电话闭塞法行车，必须有行车调度员的命令。在电话闭塞法行车时，无计算机联锁设备控制；为防止因工作人员疏忽向占用的区间发车而造成同方向列车尾追，要求车站值班员在接发列车作业过程中，严格按照规定的作业程序和要求进行，以确保接发列车作业的安全。

（1）办理闭塞

发车站向接车站请求闭塞。接车站确认接车区间空闲、接车进路准备妥当（进路准备妥当是指接发列车进路空闲、相关道岔的位置正确且已人工加锁和影响接发列车进路的其他作业已停止）后向发车站发出承认某次列车闭塞的电话记录号码，填写“行车日志”。

办理闭塞妥当后，因故不能接车或发车时，应立即发出停车手信号进行防护，由提出的那一方所发的电话记录号码作为取消闭塞的依据。取消闭塞后应及时向行车调度员报告。

（2）接入列车

接车站在列车的停车位置处向驾驶员显示停车手信号。列车整列到达停妥后，从列车驾驶员手中收取路票。

（3）发出列车

发车站获取到接车站承认闭塞的电话记录号码后，填写路票交给列车驾驶员，待乘客上下车完毕且具备发车条件后向驾驶员显示发车手信号。列车出发后，发车站向接车站和行车调度员报点并填写“行车日志”。

（4）闭塞解除

中间站的接车站在列车整列发出或交路终点站的列车进入折返线后，向发车站发出某次列车闭塞解除的电话记录号码，向行车调度员报点并填写“行车日志”。

特别注意：因采用的设备类型不同，各城市轨道交通企业对电话闭塞法的接发列车作业内容、程序及办法的规定存在着一定的差异。

3. 自动闭塞法下的车站行车作业组织

（1）接发列车作业

自动闭塞法下车站接发列车作业的主要内容是办理闭塞、准备进路和接送列车。其中，办理闭塞和准备进路这两项作业在正常情况下由控制中心负责办理，仅在特殊情况下由车站办理。

车站的站台岗接发列车作业标准如下：

1）第一步【看】：

①巡视站台，查看站台设施设备的完好情况和运作情况。

②注意查看乘客候车动态，引导乘客排队候车，制止乘客越进黄色安全线及倚靠屏蔽门的行为。

2）第二步【接】：

①看见车头灯时，站在站台头端紧急停车按钮附近，面向屏蔽门，保持站立姿势左右瞭望，做好站台安全防护。

②站台站务员注视车门和安全门的开启情况，待车门、屏蔽门开启后，站台站务员优先至乘客较多的地方引导乘客按秩序先下车、后上车。

③关门警铃声响时，注视车门及屏蔽门的关闭情况，对于抢上、抢下的乘客应及时劝阻。

3）第三步【送】：

①站台站务员站在安全线以内，面向列车保持站立姿势，左右瞭望做好站台的安全防护，确保车门及安全门关好后两者之间的缝隙无夹人夹物。

②注意列车的动态及站台情况，当列车尾部经过站立位置后，90° 转身面向列车出站方向目送列车出清站台。

当控制中心 ATS 设备出现故障时，列车仍可按自动闭塞法行车，届时信号控制权会下放给集中站，由集中站车站值班员在联锁工作站上排列进路，办理列车接发作业。当站控设备也出现故障或大面积停电时，可采用电话闭塞法行车。

（2）列车折返作业

1）控制中心控制的列车折返作业。

列车在进行折返作业前，应清客关闭车门。列车折返进路由中央 ATS 自动排列或行车调度员人工排列。当车站有数条折返进路时，应在折返作业办法中规定优先采用的列车折返模式，明确列车折返的优先走行折返线或渡线。在办理列车折返作业时，如要变更列车折返模式，可在折返列车尚未起动时通知驾驶员后变更列车折返模式。

在自动排列折返进路时，折返列车凭发车表示器的稳定白色灯光进入折返线或折返停车位置。在人工排列折返进路时，折返列车凭信号显示进入折返线或折返停车位置。列车停妥后，驾驶员应立即办理列车换向作业，然后凭防护信号机的准许越过显示进入车站的出发正线。

在列车自动驾驶时，列车进出折返线的速度按接收到的 ATP 速度码自动控制；在列车人工驾驶时，列车进出折返线的速度根据有关规定由驾驶员人工控制。

2）车站控制的列车折返作业。

车站控制的列车折返作业，除列车折返进路由车站值班员人工排列以外，其余均与控制中心控制的列车折返作业相同。原则上，行车值班员按作业办法中规定的优先模式排列折返进路；如要变更列车折返模式，必须得到行车调度员的同意。

4. 车站开关站的作业组织

（1）车站开关站的时间

载客运营前 15 min 开站，上 / 下行方向的末班车均达到车站且所有乘客均离开车站后关站。

（2）车站开关站程序

车站开站程序如表 3–1 所示，车站关站程序如表 3–2 所示。

表 3-1　车站开站程序

序　号	责任人	内　容
1	客服中心站务员	在首班载客列车到站前 30 min 领票，首班载客列车到站前 15 min 到岗
2	车站值班员	在首班载客列车到达前 30 min 执行相应环控模式并检查运行情况
3	站台站务员	在首班载客列车到站前 20 min 于车控室报到，首班载客列车到站前 15 min 领齐备品到岗
4	站务员 / 值班站长	在首班载客列车到站前 20 min 完成扶梯开启工作，首班载客列车到站前 15 min 开启所有出入口
5	客服中心站务员 / 值班站长	在首班载客列车到站前 15 min 确认是否已撤除与末班车运营终止的相关告示和备品，按运营需要布置
6	客服中心站务员	做好兑零、票务处理等日常客服岗位工作，客服中心前没人时主动引导乘客购票
7	值班站长	出入口开启卷帘门后，在公共区进行运营服务工作，主动做好乘客购票及进站引导工作；配合站台岗接发上下行首班载客列车
8	车站值班员	在首班载客列车到站前 15 min 启动运营时间照明模式，检查自动售检票系统（AFC）设备是否处于正常运营状态。
9	站务员	正常接发列车及做好乘客引导，上下行首班车到站前 2 min 提醒值班站长接车
10	车站值班员	在首班载客列车到站前 15 min 检查扶梯的开启状态

表 3-2　车站关站程序

序　号	责任人	内　容
1	值班站长	在本站载客末班车到站前 15 min，安排工作人员摆放末班车告示牌，到公共区进行末班车服务工作
2	车站值班员	在往某一方向的末班车到站前 10 min 启动该方向的末班车广播，通知各岗位
3	车站值班员	在本站最后一个方向的末班车到站前 3 min 由值班员在 SC 上关闭自动售票机，通知各岗位
4	车站值班员	在本站最后一个方向的末班车到站前 2 min 由值班员关闭进站闸机，通知各岗位
5	客服中心站务员	在首趟末班车到站前 5 min，客服中心岗需在客服中心旁 TVM 处进行引导，提醒乘客“开往 ×× 方向的末班车还有 × min 到站，请各位乘客抓紧时间进站乘车”，最后一个方向的末班车到站前 5 min 停止兑零工作
6	客服中心站务员 / 值班站长	在首趟末班车到站前 2 min 由客服中心岗 / 值班站长摆放服务告示牌

续表

序　号	责任人	内　容
7	客服中心站务员	在首趟末班车结束运营后，如有乘客购票或持储值卡刷卡进站，主动询问乘客乘车方向，做出正确引导，发现有乘客购买已停止服务方向的车票或进闸乘车，要及时劝止并对票卡进行相应处理，如对持单程票的乘客给予退票或对储值卡进行免费更新
8	站台站务员	在首趟末班车结束后，主动询问乘客前往方向，给出正确指引；最后末班车开出后对站台进行检查，确认已无乘客，关停扶梯
9	车站值班员	运营结束后，启动非运营时间照明模式和环控模式
10	值班站长	在本日列车服务终止后，清站，确认出入口关闭，扶梯、照明、自动售检票系统（AFC）设备全部关闭

思考与练习

一、填空题

1. 车站行车作业主要是指列车接发作业及__________作业等。

2. 车站行车作业实行单一指挥制，__________是车站行车作业的组织者和指挥者。

3. 凡影响行车作业的临时设备抢修均应与__________确认作业的时间和地点后方可登记。

4. 擦拭道岔，必须与__________联系，办理控制权下放手续。

5. 送电前，__________应进行站线巡视，检查线路上有无影响列车运行的异物。

二、单项选择题

1. 发生行车事故后，应立即采取有效措施进行处理且向（　　）及有关部门报告。

A. 行车值班员　　B. 行车调度员　　C. 施工负责人　　D. 施工联络人

2. 载客运营前（　　）开站，上 / 下行方向的末班车均达到车站且所有乘客均离开车站后关站。

A. 5 min　　B. 10 min　　C. 15 min　　D. 20 min

3. 客服中心站务员在首班载客列车到站前 30 min 领票，首班载客列车到站前（　　）到岗。

A. 5 min　　B. 10 min　　C. 15 min　　D. 20 min

4. 车站值班员在首班载客列车到达前（　　）执行相应环控模式并检查运行情况。

A. 15 min　　B. 20 min　　C. 25 min　　D. 30 min

5. 值班站长在本站载客末班车到站前（　　）安排工作人员摆放末班车告示牌，到公共区进行末班车服务工作。

A. 15 min　　B. 20 min　　C. 25 min　　D. 30 min

三、判断题

1. 如需转换道岔，室内监护人员应与现场擦拭人员进行联系，确认需转换道岔的号码及定、反位。（　　）

2. 在电话闭塞法行车时，无计算机联锁设备控制。（　　）

3. 接车站在列车的停车位置处向驾驶员显示停车手信号。（　　）

4. 车站值班员在首班载客列车到站前 20 min 检查扶梯的开启状态。（　　）

课题三　车站施工作业管理

课题目标

1. 了解车站施工作业管理的基本要求。
2. 熟悉车站施工作业组织。
3. 掌握特殊施工作业管理。

城市轨道交通的设备设施涉及多个专业，各专业设备设施都要按照检修周期与工作内容对其进行检修，遇突发设备故障时也需对相关设备进行施工维修。在车站及正线进行的施工作业均由车站做好监督与掌控，做好车站施工作业管理对行车安全尤为重要。

一、车站施工作业管理的基本要求

1）经审核后的“施工计划通告”发至车站，行车值班员接班后认真查看当天施工计划，提前做好施工预想，确保施工安全。

2）每项施工必须配备施工负责人，施工负责人必须全程在施工现场进行管理，主辅站同时施工作业时，施工单位必须指定辅站作业点的负责人并由施工负责人统一管理。

3）所有施工负责人及作业点负责人必须经专门的管理部门组织的施工培训并考试合格且取得“施工负责人证”后方可上岗。

4）各项施工的登销记必须遵循“谁请谁销”的原则，严禁他人代替销点。

5）施工作业人员必须严格遵守国家、行业、省、市的相关法律法规，认真执行规章制度，严格遵守劳动纪律。

二、车站施工作业组织

车站施工作业组织的关键在于施工的请销点和施工安全防护。施工请销点的作业要求如下：

1. 施工作业事项的核对及施工负责人身份的确认

（1）施工作业事项的核对

施工负责人必须在施工开始前 15 min 到达车站控制室与行车值班员联系。行车值班员将“施工计划通告”（见图 3-11）与施工负责人的“施工检修计划申请单”进行核对。核对的内容包括“日期、施工负责人、施工单位、起止时间、起止范围、作业内容、进场人数、是否停电、是否有配合人员”等，行车值班员还需问清施工登记车站、施工销记车站、施工负责人联系电话等其他相关事项。

施工计划通告

发布部门：__________　　发布人：__________　　发布日期：____年__月__日

序号	日期	计划编号	施工负责人及联系电话	登记站	销记站	施工区段	施工内容	施工起止时间	接触轨停电区段	牵引动力	是否挂地线	备　注

图 3-11　施工计划通告样张

（2）施工负责人身份的确认

车站人员必须对施工负责人的有效证件进行核实，以确认其身份。有效证件包括工作证、身份证、施工安全证，出示三者之一即可。

2. 影响行车的施工

（1）本站请点本站销点的施工

1）施工请点。

①请点登记。施工内容及施工负责人的身份均核对无误，确认行车调度员已发布停电命令；确认图定列车开行完毕；确认“施工计划通告”中无跟踪动车；确认行车调度员未下达临时增开列车的命令（如施工需人员配合，待配合人员到场后）方可由施工负责人在“车站施工登记簿”（见图 3–12）上办理登记。

车 站 施 工 登 记 簿

施工登记												施工销记					
日期	作业编号	施工单位	进场人数	施工内容	施工区域	施工时间		施工负责人及联系电话	登记号	批准时间	车站值班员确认	施工销记人	施工结果	销记号	批准时间	车站值班员确认	备注
						起	止										
特殊情况说明：																	

图 3–12　车站施工登记簿样张

②行车值班员向行车调度员申请登记号。登记完成后，行车值班员再次将登记的内容与“施工计划通告”进行核对，确认无误后根据施工负责人填写的登记内容向行车调度员申请要点。

待行车调度员下发登记号后，行车值班员将登记号、登记时间填写在“车站施工登记簿”上并签字确认。施工人员做好防护且车站通知相关车站做好监护后方可开始施工作业。施工过程中，行车值班员做好监护工作，确保施工安全；如发现违规施工，则命令其停止施工并报告行车调度员。

2）施工销点。

①销点登记。施工结束后，施工负责人确认现场“人员工具清，设备正常”后方可在“车站施工登记簿”上办理销点登记（若是多方配合的施工作业，应由主体部门的负责人统一销点，各配合部门的负责人分别签字确认）。

②行车值班员向行车调度员申请销记号。行车值班员确认销点登记内容填写正确且待施工负责人在“车站施工登记簿”内的施工结果栏内注明“人员工具清，设备正常”并签字确认后，向行车调度员申请销记号。

行车值班员在得到销记号后，在“车站施工登记簿”上做好登记（销记时间、销记号）

并签字确认。届时，施工人员方可离开，行车值班员通知相关车站做好监护，施工结束。

（2）异地请点异地销点的施工

异地请点异地销点包括本站请点异地销点和异地请点本站销点两种情况。异地请点异地销点施工的请点流程和销点流程与本站请点本站销点的请点流程和销点流程大体一致。

异地请点异地销点时，登记站及销记站需及时将施工信息通知对方并做好记录（销记站必须是实际施工区域内的车站），相关的信息如下：

1）行车调度员下发登记号后，登记站的行车值班员需及时将施工内容及登记号通知销记站，销记站行车值班员对此次施工作业再次进行登记。

2）行车调度员下发销记号后，销记站及时通知登记站行车值班员；登记站行车值班员在接到销记站行车值班员的电话后在“车站施工登记簿”上将“施工销记人”及“施工结果”两栏合并填写“接 ×× 站行车值班员 ×× 电话销记，人员工具清，设备正常”内容，之后签名确认。

（3）多站请点多站销点的施工

同一个施工项目需从多个车站下人作业时，施工单位需指定主站施工负责人及辅站施工联络人，负责人及联络人均须持“施工检修申请单”到相应车站登记。

请点时，主站向行车调度员请点；得到批准后，辅站方可向主站请点；待所有的辅站请点完毕并做好施工安全防护后，施工方可开始。

销点时，辅站向主站销点；主站确认所有的辅站均销点完毕后方可向行车调度员销点，获得行车调度员的施工销记号后，主站行车值班员登记并签字确认，施工结束。

3. 不影响行车的施工

不影响行车的施工，行车值班员或值班站长应负责施工项目的核对、施工负责人身份及资质的确认工作。

请点时，确认施工满足请点条件，施工人员做好安全防护后，行车值班员或值班站长直接批准施工开始，无需给出施工登记号。

销点时，施工负责人确认“人员工具清，设备正常”并签字确认，行车值班员或值班站长需到施工现场进行确认；确认无误后在“车站施工登记簿”的对应栏处签名确认，此时施工结束。

三、特殊施工作业管理

1. 抢修施工作业管理

运营期间发生故障需进入线路紧急抢修时，故障设备部门的施工负责人凭控制中心发布的抢修施工作业令直接到相应的车站办理登记请点手续，抢修部门应说明进入线路的人数、联系方式、拟采取措施、对运营可能造成的影响、需提供的配合等，经值班调度主任同意后方可进入线路施工。

运营期间发生故障但可维持至运营结束时，抢修部门填写“抢修施工申请单”，经申报部门负责人审定后签发，后向故障发生线路的控制中心值班调度主任申请，经审批同意后再由行车调度员发布抢修施工作业令后方可执行。

运营结束后，因施工或其他原因导致的抢修则按运营期间需紧急抢修的相关程序办理。

2. 延长施工作业管理

因特殊情况不能按时完成施工作业时，施工负责人应在原定的施工截止时间前 30 min 到车站控制室与行车值班员联系，行车值班员与控制中心联系，得到批准后方可延长作业时间。

施工负责人在不注销原施工作业的情况下对延时施工进行重新登记，施工登记号不变。延时施工登记的开始时间就是施工负责人对延时施工的申请时间。施工作业销记前必须做到施工现场设备正常，人员工具清，后由施工负责人在“车站施工登记簿”内的施工结果栏处注明“人员工具清，设备正常”。行车值班员确认销记内容填写正确后向行车调度员汇报，经行车调度员认可并下达销记号后，行车值班员及时做好销点登记。

3. 违章施工作业处理

当车站发现违反施工内容、违反安全规定的施工时应一律立即禁止施工，并告知行车值班员；值班员接到通知后，将违章的施工单位、施工负责人、施工内容、施工违章的具体情况告知行车调度员，由行车调度员确认施工是否可以继续进行，车站人员在此过程中应监督好现场的施工人员。

思考与练习

一、填空题

1. 经审核后的“施工计划通告”发至车站，__________接班后认真查看当天施工计划，提前做好施工预想，确保施工安全。

2. 主辅站同时施工作业时，施工单位必须指定辅站作业点的负责人并由__________统一管理。

3. 所有施工负责人及作业点负责人必须经专门的管理部门组织的施工培训并考试合格且取得__________后方可上岗。

4. 各项施工的登销记必须遵循__________的原则，严禁他人代替销点。

5. 车站人员必须对施工负责人的有效证件进行核实，有效证件包括工作证、身份证和__________，出示三者之一即可。

二、单项选择题

1. 施工负责人必须在施工开始前（　　）到达车站控制室与行车值班员联系。

A. 5 min　　B. 10 min　　C. 15 min　　D. 20 min

2. 施工结束后，（　　）确认现场“人员工具清，设备正常”后方可在“车站施工登记簿”上办理销点登记。

A. 施工负责人　　B. 施工联络人　　C. 行车值班员　　D. 行车调度员

3. 因特殊情况不能按时完成施工作业时，施工负责人应在原定的施工截止时间前（　　）到车站控制室与行车值班员联系，行车值班员与控制中心联系，得到批准后方可延长作业时间。

A. 15 min　　B. 20 min　　C. 25 min　　D. 30 min

4. 当车站发现违反施工内容、违反安全规定的施工时应一律立即禁止施工，并告知（　　）。

A. 施工负责人　　B. 施工单位　　C. 行车值班员　　D. 行车调度员

三、判断题

1. 多站请点多站销点施工请点时，辅站向行车调度员请点。（　　）

2. 多站请点多站销点施工销点时，辅站向主站销点。（　　）

3. 施工负责人在不注销原施工作业的情况下对延时施工进行重新登记，施工登记号变更。（　　）

4. 延时施工登记的开始时间就是施工负责人对延时施工的申请时间。（　　）

4 模块四

正常情况下的行车组织

模块描述

行车组织工作质量的高低会直接关系到城市轨道交通系统的效益、能力和安全。正常情况下的行车组织是指在运营时间内基于基本的列车运行控制方式和基本的行车闭塞法情况下的列车运行组织。正常情况下，行车组织的基本原则及列车运行模式分别是什么？正常情况下，控制中心如何开展行车组织工作？正常情况下，车站的日常行车组织工作是什么？正常情况下，车辆段的接发列车作业如何进行？

本模块将从行车组织基础、正常情况下的控制中心行车组织、正常情况下的车站行车组织和正常情况下车辆段行车组织四个方面进行介绍。

学习目标

1. 知识目标

1）了解行车组织基础的主要内容。

2）熟悉正常情况下的控制中心行车组织工作。

3）掌握正常情况下的车站行车组织工作。

4）熟悉正常情况下的车辆段行车组织工作。

2. 技能目标

1）能描述行车组织基础的主要内容。

2）能描述控制中心在运营开始前、运营过程中及运营结束后的行车组织工作。

3）掌握车站接发列车工作原则及车站日常行车组织工作。

4）能描述车辆段接发列车作业的过程及注意事项。

3. 素养目标

1）认识到正常情况下行车组织工作的重要意义。

2）培养爱岗敬业的工作态度，树立确保城市轨道交通安全畅行的责任意识。

课题一 行车组织基础

课题目标

1. 了解行车组织基本原则。
2. 熟悉列车运行模式。
3. 掌握车站行车工作的基本要求。
4. 熟悉网络化条件下的行车组织。

一、行车组织基本原则

在 ATC 系统正常的情况下，城市轨道交通列车采用 ATO 驾驶（当停车精度不能满足基本要求时，会采用 ATP 防护下的人工驾驶）模式，根据列车运行图的要求科学掌握列车在站的停开时分。列车驾驶员需在电客车出库时或交接班时输入乘务组号，在 ATS 系统有计划运行图时，电客车运行至转换轨处时便自动地接收相关行车信息；若 ATS 系统没有计划运行图，电客车在出车辆段或在正线运行需变更车次时，行车调度员应亲自（或通知列车驾驶员）输入目的地码和车次号。

行车时间以北京时间为准，从零时起计算，实行 24 小时制。行车的日期以零时为界，零时之前已办妥的行车手续，在零时后仍视为有效。

城市轨道交通的正线及辅助线归属行车调度员管理，转换轨由行车调度员和车辆段信号楼调度员共同管理，车辆段内的线路归属车辆段信号楼管理。

空客车、工程车、重型轨道车、救援列车和调试列车出入车辆段时均按列车办理。

正常情况下，正线上的列车驾驶员凭车载信号显示或行车调度员的调度命令行车，按列车运行图和发车时间指示器（又称为倒计时器，Departure Time Indicator，DTI）显示的时分掌握列车的运行及停站时间。

二、列车运行模式

1. 列车基本运行模式

城市轨道交通线路一般采用双线单向、右侧、逆时针往返运行的模式。如图 4–1 所示，列车由 A 站沿上行方向线路开往 P 站后，在 P 站进行折返；之后沿下行方向线路运行至 A 站再次折返，如此往复运行。

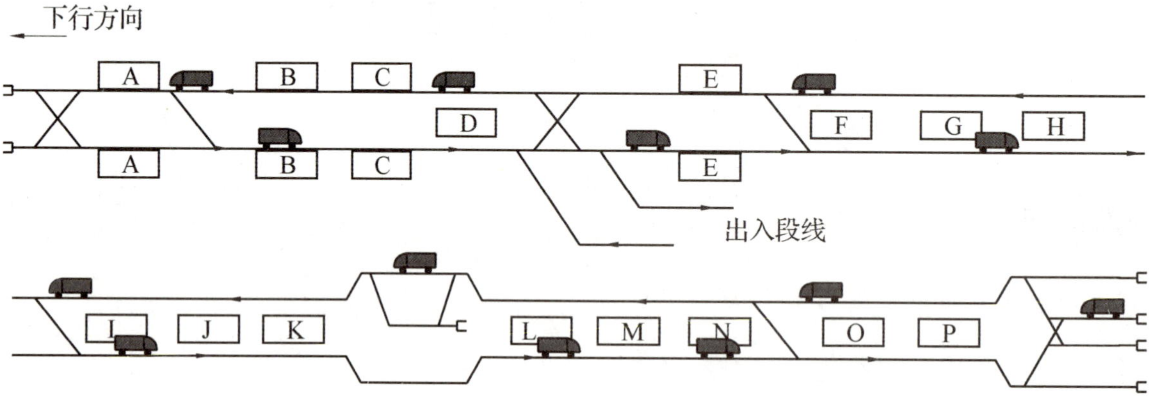

图 4–1　城市轨道交通双线单向运行模式图

我国的北京和上海等城市轨道交通线路中还存在环形线路这一特殊形式。在此特殊类型的线路中，列车通常在内环以顺时针方向运行，在外环以逆时针方向运行，列车根据运行图在不同的车站经相关线路进行折返。

2. 列车的折返形式

根据折返线与车站的相对位置不同，可将折返形式分为站前折返、站后折返及站前站后混合式折返等折返形式。

（1）站前折返

沿着列车运行的方向，列车利用站前的折返线进行折返作业的方式称为站前折返。

1）站前折返的优点：

①列车的走行距离相对较短；

②驾驶员的换端作业可与乘客的乘降作业同步进行，缩短了列车的停站时间；

③车站的正线兼折返线且站线的长度缩短，有利于车站节省造价成本。

2）站前折返的缺点：

①出发列车与到达列车存在敌对进路；

②因列车进站要侧向通过道岔，列车的运行速度受到限制且影响乘客乘坐列车的舒适度；

③在大客流情况下站台的秩序将受到较大影响。

（2）站后折返

沿着列车运行的方向，列车利用站后的折返线进行折返作业的方式称为站后折返。

1）站后折返的优点：

①出发列车与到达列车不存在敌对进路；

②列车进站和出站的速度较高；

③作业过程中不存在载客侧向通过道岔，保障了乘客乘坐列车的舒适度；

④折返线既可供列车折返也可供列车临时停放。

2）站后折返的缺点：

①列车作业过程中的走行距离较长；

②列车通过道岔的次数较多；

③驾驶员的换端作业无法与乘客的乘降作业同步进行，增加了列车的作业时间。

（3）站前站后混合式折返

站前站后混合式折返是指既有站前折返又有站后折返的折返形式。采用混合式折返的目的是提高列车的折返效率。混合式折返有利于行车组织的调整，适用于对折返能力有较高要求的终端站。

三、车站行车工作的基本要求

车站日常运营工作的目标是合理运用技术设备，按列车运行图的要求接发列车，确保列车和乘客的安全，高质量地完成运输生产任务。车站行车组织工作在实现上述目标的过程中起着核心作用。

1. 执行命令，听从指挥

严格执行单一指挥制。车站行车组织工作由车站的行车值班员统一指挥。列车在站时，所有站务人员应在行车值班员的指挥下进行工作。行车值班员应认真执行行车调度员的命令和上级领导的所有指示。

2. 遵章守纪，按图行车

各岗位工作人员均应认真执行行车规章制度，遵守各项劳动纪律。办理作业应正确及时，严防错办或漏办，严禁违章作业。当班中必须精神集中、服装整洁、佩戴标志，保证车站安全、高效地按列车运行图接发列车。

3. 联系及时，作业精准

联系各相关行车事宜时，必须程序正确、用语规范、内容完整、简明清楚，严防误听、误解和臆测行事。

4. 接发列车，目迎目送

接发列车应严肃认真，姿势端正。列车进站前，出室接车；列车出站后，送车完毕回行车值班室；认真做好“看”“听”“闻”，确保列车安全运行。

5. 行车报表，填写齐全

行车报表包括各种行车凭证、行车日志和登记簿。行车凭证有路票、绿色许可证、红色许可证和调度命令等；登记簿有《调度命令登记簿》《检修施工登记簿》和《交接班登记簿》等。各种行车报表应按规定的内容和格式认真地填写，保持报表的完整和整洁。

思考与练习

一、填空题

1. 空客车、工程车、重型轨道车、救援列车和调试列车出入车辆段时均按__________办理。

2. 行车时间以北京时间为准，从零时起计算，实行__________制。

3. 城市轨道交通的__________及辅助线归属行车调度员管理。

4. 正常情况下，正线上的列车驾驶员凭车载信号显示或行车调度员的调度命令行车，按列车运行图和__________显示的时分掌握列车的运行及停站时间。

5. 车站行车组织工作由车站的__________统一指挥。

二、单项选择题

1. 在 ATC 系统正常的情况下，列车驾驶员需在电客车出库时或交接班时输入（　　）。

A. 目的地码　　B. 乘务组号　　C. 服务号　　D. 序列号

2. 城市轨道交通的转换轨由（　　）管理。

A. 行车调度员

B. 车辆段信号楼调度员

C. 行车调度员和车辆段信号楼调度员共同

D. 值班调度主任

三、判断题

1. 行车的日期是以零时为界，零时之前已办妥的行车手续，在零时后无效。（　）

2. 车辆段内的线路归属行车调度员管理。（　）

3. 采用站前折返时，驾驶员的换端作业无法与乘客的乘降作业同步进行，增加了列车的作业时间。（　）

4. 采用站后折返时，出发列车与到达列车会存在敌对进路。（　）

课题二 正常情况下的控制中心行车组织

课题目标

1. 熟悉运营前的准备工作。
2. 掌握运营期间的行车组织工作。
3. 熟悉运营结束后的工作。
4. 掌握工程列车开行的组织工作。

控制中心是城市轨道交通企业行车组织工作的重心。正常情况下的控制中心行车组织工作包括运营前的准备工作、运营期间的行车组织工作和运营结束后的工作三部分。此外，在施工作业中的工程列车开行组织工作也是控制中心的主要职责之一。

一、运营前的准备工作

在每日运营前的规定时间内，行车调度员应检查车辆段和各车站在运营前的相关准备工作。控制中心的各类调度员、各车站的值班站长（或行车值班员）及车辆段调度员应及时检查设备并向行车调度员汇报，具体内容如下：

1）运营线路空闲、施工结束、线路出清，接触网、供电系统及环境控制系统运作正常。

2）行车设备、备品齐全完好。

3）道岔功能正常，站台无异物侵入限界，站台门开关正常。

4）当日使用载客电客车、备用列车的安排情况及列车驾驶员的配备和到岗情况。

列车开行前各运营岗位准备工作的作业标准如表 4–1 所示。

表 4-1　列车开行前各运营岗位准备工作的作业标准

程序及项目	岗位作业标准		
	行车调度员	行车值班员	站务员
线路巡道和施工线路出清	①查阅《施工作业登记表》，确认施工均已销点	①查阅《车站施工登记簿》，确认区间、车站（包括站台）范围内工程施工负责人已做线路出清的汇报且销点	①巡视站台，检查站台接触网、站台门、轨道等有无影响行车和服务的情况，如有应及时通知车站值班员进行处理
行车备品的准备与检查	②确认各终端设备及通信设备能正常使用，与车辆段联系确认准备出车的顺序表	②行车备品的准备与检查	②行车备品准备与检查
通信测试	③接收各车站的通信测试	③与邻站进行通信测试 ④与站台站务员进行通信测试 ⑤与行车调度员进行通信测试	③与车站值班员进行通信测试
准备工作就绪汇报	④向车站、车辆段进行运营前检查，填写《运营前准备工作检查记录表》；此作业须在行车前 30 min 完成	⑥向行车调度员汇报："××站线路已出清，联锁设备正常、站台门正常、通信良好，具备运营条件；车站值班员 ×××"	
信号设备测试	⑤确认中央 ATS 系统及大屏幕显示正常，将全线转为中心控制状态；检查全线各站的进路模式及终点站的折返模式是否正确并记录在调度日志上 ⑥在中央 ATS 系统上，对道岔的定 / 反位置进行转换测试，确定定 / 反位显示正确后将道岔固定在正确的位置上	⑦确认信号操作界面的各种显示正常 ⑧控制权转为中央控制	
了解夜间接触网停电的情况	⑦确认有关区段线路出清、具备通电条件后，授权电力调度员供电并接受其供电良好的汇报		
核对时刻表	⑧根据当天运营需要核对时刻表，并由值班主任确认		

1. 控制中心行车调度员的工作内容

（1）试验道岔

每天运营开始前的规定时间内，行车调度员通知各联锁站（具有车站控制权限的车站）

的行车值班员试验道岔，值班调度主任、行车调度员查看列车自动监控子系统的调度员工作站的显示。联锁站道岔试验完毕后，行车调度员收回控制权。值班调度主任、行车调度员使用中央联锁工作站试验进路和道岔的操作，使有关道岔处于正确的位置。如发现道岔不能正常使用，及时通知设备维修调度员，派人检查抢修。

（2）检查和准备

运营开始前主要检查行车值班员的到岗情况、站台是否有异物侵入限界、行车设备是否正常、备品是否齐全完好，当日的运用车和备用车的安排及列车驾驶员的配备等情况。

行车调度员检查完毕后，在运营开始前的规定时间通知电力调度员给牵引系统送电；同时，行车调度员需按车辆段调度员提供的当日上线列车及备用车信息来编辑无线电调度台动态以便调度。

（3）列车运行图检查

由于城市轨道交通一般根据客流规律采用分号运行图，通常在前一天运营结束规定时间内，控制中心的值班调度主任在行车调度员工作站（ATS-MMI）上“加载”次日使用的列车运行图。运营当日应检查即将使用的列车运行图是否正确及有效。通常情况下，运营部门均会编制工作日（周一至周四）运行图、周五运行图、周末运行图及节假日运行图。

（4）核对时钟时间

行车调度员、电力调度员在开始运营前与各车站（含车辆段）、各变电所（站）核对日期和时钟时间（对表），行车调度员与车辆段派班员核对时钟时间、服务号和注意事项。

（5）核对列车出库计划

根据当日列车运行图，行车调度员核对列车出库计划是否准确。

（6）首班车组织

开行首班车时应特别注意开行时间，严格按照列车运行图组织行车，按时开出，避免晚点发车。

二、运营期间的行车组织工作

运营期间行车调度员应充分使用各种调度指挥设备、组织列车按照计划运行图安全、正点运行，尽量均衡在线列车的运行间隔。运营期间，行车调度员的主要工作是对列车运行进行监控，对电力供应、环境控制、防灾救护及设备维修施工等进行调度指挥，监视各站的运营情况，与相关单位进行信息沟通，对列车的运行在必要的情况下进行科学调整，组织末班车开行等，具体如下：

1. 对列车运行进行监控

通过控制中心的大屏幕，行车调度员掌握调度区域内信号系统设备（轨道电路、信号机等）状况、列车占用线路情况、各次列车运行位置的动态显示等。必要时，人工介入进行列车运行的调整；如发现列车车次变化，可通过系统予以更正。

2. 对其他调度员的调度指挥工作

当所管辖线路进行电力供应、环境控制、防灾救护及设备维修施工等工作时，行车调度员要对其进行调度指挥且配合其工作。

3. 监视各站的运营情况

行车调度员通过监视器监视各站的站厅和站台情况，发现异常可进行录像分析并及时进行处理。

4. 与相关单位进行信息沟通

行车调度员运用调度电话与车站值班员、车辆段调度员、派班员和列车驾驶员保持联系，发布调度命令，实现对列车运行的调度指挥。行车调度员在日常工作中为了保证安全高效的调度指挥，必须提高沟通技巧，必须使用标准用语，确保调度指令能够迅速准确地下达和执行。调度工作用语应使用标准的普通话，受令者必须复诵，严禁使用“明白”代替；发令者应吐字清晰，语速适中；发令完毕后，发令人应说“完毕”，再给出调度代码。

5. 对列车运营进行调整

由于受各种因素的影响，列车在运行过程中的实际运行图与计划运行图会存在一定的偏差，需通过系统的自动调整或人工介入进行调整。因此，列车的运行调整一般分为系统的自动调整和人工调整两类。

（1）系统的自动调整

当列车的实际运行偏离计划运行图时，系统可自动调整列车在区间的运行时间。城市轨道交通信号系统的列车自动监控子系统一般具有列车运行自动调整功能。城市轨道交通的列车运行一般很少采取无人驾驶模式，信号系统只对列车区间运行的时间在系统能力范围内进行调整。列车运行自动调整可根据列车实际偏离计划运行图的幅度大小自动决定所应采用的调整策略。由于受车辆性能、线路条件和停站时间等因素的制约，当列车实际偏离计划运行图的幅度较大时往往不可能一次性调整到位。此时，系统需采取弹性的调整策略，通过改变前后多趟列车的运行状态，逐步消除当前列车的运行偏差对整体系统的影响。

（2）人工调整

当列车的运行偏离误差较大时，可由行车调度人员人工介入，通过调整列车的进站时间和区间运行时间，来达到符合计划运行图行车的目的。列车运行晚点或早点时，可采用在车站设置“扣车”或设置“跳停”操作以使列车运行符合（或接近）计划运行图。在遇到线路中断或堵塞时，行车调度员可通过采用小交路运行或单线双向运行等特殊运行方式来维持一定水平的列车运行。

6. 组织末班车开行

行车调度员根据列车运行图组织末班车正点运行，结束载客运营服务。

特别注意：严禁末班车早点开出。

三、运营结束后的工作

运营结束后，行车调度员要对当天的行车工作进行分析和总结。

1. 打印当日计划运行图和实际运行图

行车调度员需将当日所有的计划运行图和实际运行图进行打印，用作有关人员分析、统计运营指标或调查处理运营事故时的原始资料。

2. 提供编写运营日报的基础信息

运营日报的主要内容包括：当天完成运送的客运量、列车开行情况、兑现率、正点率和月度累计指标等；运用客车数及投入使用的客车数；客车的加开、停运及中途退出服务的情况；耗电量、温度及湿度等情况；客车服务（包括事故、故障和列车运行延误及处理）情况；有关工程列车、试验列车的开行等。

3. 组织施工计划的实施

根据施工作业计划及施工申请，通知电力调度员对需要停电的接触网进行停电，根据线路情况和施工负责人请点情况，批准开始施工作业。作业完毕后，确认线路出清，同意办理销点。

4. 运营指标统计

运营指标主要包括客车运行统计、客运量统计、工程车统计、调试列车统计、检修施工作业统计、用电量统计及设备故障情况统计等内容，运营指标的计算已实现由专门的系统自动实施。运营指标的统计具体如下：

（1）客车运行统计

1）在运营结束后，由行车调度员提供相关数据供值班调度主任进行当日的客车统计。统计的内容包括计划开行的列车数、实际开行的列车数、救援列次、清客列次、下线列次、抽线列次、晚点列数、正点率和运营里程。

2）运营晚点统计：根据《行车组织规则》规定，对照列车运行图来统计单程每列晚点时间（因接待工作需要或调整列车运行而导致的晚点，不列入晚点指标），行车调度员对发生晚点的客车应记录晚点的原因。

3）对客车晚点的原因进行分类：客车晚点的原因分为车辆故障、线路故障、供电故障、通信故障、信号故障、客流过大、调度不当及其他故障问题。

（2）客运量统计

值班调度主任根据车站计算机的客流数据和行车调度员向车站获取的免票客流数据，对分站客运量、总客运量、换乘客运量等进行统计，并填写“运营日报”。

(3)工程车统计

根据当天工程车开行的情况进行统计，统计的内容包括工程车列数、实际进出车辆段的时间。

(4)调试列车统计

行车调度员根据当天调试列车的开行情况，统计实际开行调试列车的列数。

(5)检修施工作业统计

1）对本班正线、辅助线的检修计划件数和完成件数情况进行统计，对检修施工完成情况进行分析。

2）对各检修施工单位的月计划、周计划、日变补充计划和临时抢修计划件数进行统计。

3）对检修施工作业请点总件数进行统计。

(6)用电量统计

电力调度员每日运营开始前统计好牵引用电量、动力照明用电量和总用电量的数据，供值班调度主任填写“运营日报”。如发现用电量异常，电力调度员应及时查找原因并报告值班调度主任，同时在“运营日报”上说明情况。

(7)设备故障情况统计

行车调度员负责所管辖线路范围内影响列车运行、客运组织、票务运作等设备故障情况的统计。

5. 组织施工

每日运营结束后，行车调度员按照当日的施工作业计划进行施工协调、组织并监督施工。

四、工程列车开行的组织工作

1. 工程列车参与检修或施工的行车组织

夜间检修或施工时，工程车开行的组织工作由行车调度员负责。行车调度员既要根据检修或施工计划的安排以保证维修更换或线路扩建工程等夜间检修或施工任务的顺利完成，又要保证次日运输生产能正常进行。行车调度员对夜间检修或施工时的工程列车开行应该做到如下原则：

1）行车调度员应认真核对当夜的检修计划和施工计划，对检修、施工的内容、地点和时间等做到心中有数。

在确认进行夜间检修及施工后，行车调度员应下达调度命令给相关车站的行车值班员、车辆段调度员、检修或施工作业的负责人，布置检修或施工的内容、地点、起止时间及注意事项等。在检修或施工作业过程中，行车调度员应与行车值班员、检修或施工作业负责人等保持联系，掌握检修或施工作业的进度。

2）向检修或施工作业区间开行工程列车时，按电话闭塞法办理或根据调度命令办理。

工程列车在进入运营线路前，必须对其技术状态进行全面检查，以确保行车和设备的安全。检修或施工地点的每一端只准进入一列工程列车，在其到达检修或施工地段后应在防护人员显示的停车手信号前停车，然后再按调车作业办法进入指定地点。

3）当一个区段或一条线路上只有一列工程列车往返多次运行时，可采用封锁区间的运行办法。

此时，工程列车运行按调度命令办理，并且须符合以下要求：

①封锁区间的所有道岔均应开通于工程列车运行的方向。

②封锁区间内无其他检修或施工作业。

③工程列车不准越出封锁区间运行。

④工程列车按调度命令指定的时间离开封锁区间。

4）行车调度员应在满足检修或施工作业要求的前提下，尽量缩小线路封锁的范围，减少施工列车占用正线的时间。

在检修（或施工）作业中发生设备损坏、人员伤亡或不能按时完成检修（或施工）作业时，行车调度员应立即报告值班调度主任，采取有效措施确保次日运营能正常进行。

5）检修（或施工）作业结束后，行车调度员应根据行车值班员的报告，在确认行车设备完好、检修（或施工）人员和机具撤离后，下达调度命令同意注销检修（或施工）作业。

工程列车单独在线路上运行的速度如表 4–2 所示。

表 4–2　工程列车单独在线路上运行的速度

区域	车型	最高限制速度 /（km · h^{-1}）	自重 /t	是否自带动力	说明
正线及辅助线	内燃机车	80	52	是	正线运行限速 40 km · h^{-1}，辅助线运行限速 25 km · h^{-1}，通过车站 40 km · h^{-1}，车辆段线 25 km · h^{-1}
	轨道车	70	56	是	
	接触网检测车	80	40	是	
	接触网维修作业车	80	28	是	
	钢轨打磨车	80	88（2 节总重）	是	
	接触网放线车	80	22	否	
	轨道检测车	80	40	否	
	平板车	80	17	否	
	隧道清洗车	80	56	否	
车辆段内	各种机型	80	—	—	限速 25 km · h^{-1}，在推进运行时限速 15 km · h^{-1}

2. 工程列车参与故障抢修的行车组织

当城市轨道交通线路在运营中出现断轨、挤岔、接触网断线等严重影响行车安全的设备故障（事故）时，需要出动工程列车进行紧急抢修。一般来说，在需要工程列车出动参与抢修的故障（事故）中，绝大多数是因接触网断线等室外供电设备故障。

工程列车参与故障抢修的行车组织如下：

1）在需要工程列车出动执行抢修任务时，一般由设备维修调度员向行车调度员提出使用工程列车的计划（包括需要跟车人员、设备的数量和上车地点等），行车调度员收到设备维修调度员的申请后立即向车辆段调度员发布调度命令，车辆段调度员根据行车调度员的要求在 10 min 内组织工程列车开行到车辆段内的指定地点待令；抢修工作执行部门在工程列车到达后 10 min 内完成装载设备及物品等工作并安排跟车人员上车。

2）当需要工程列车执行抢修任务时，由于工程列车无 ATP 保护，可能会影响后续列车的行车安全，故行车调度员必须发布封锁工程车作业区间的调度命令。向封锁区间发出执行任务的工程列车时，不办理行车闭塞手续，以行车调度员的命令作为进入该封锁区间的许可。在未接到开通封锁区间的调度命令前，不得将执行任务的工程列车以外的其他列车开往该区间。

3）工程列车执行设备抢修任务时，行车调度员负责组织工程列车从车辆段至封锁区间一端车站的运行；在封锁区间一端车站把工程列车交给设备维修调度员指挥，同时命令该站向工程列车交付封锁命令。设备维修调度员负责通知现场指挥指派一名联络员登乘工程列车驾驶室，将进入区间的作业计划交给车长，由车长引导进入封锁区间，并按计划指挥动车。如封锁区间内有道岔、辅助线时，由车长与车站联系共同制订调车进路计划，车站排好进路后通知车长，由车长指挥动车。

4）工程列车使用完毕，由联络员引导回到原交接站，由设备维修调度员向行车调度员交出。

思考与练习

一、填空题

1. 每天运营开始前的规定时间内，__________通知各联锁站（具有车站控制权限的车站）的行车值班员试验道岔。

2. 联锁站道岔试验完毕后，__________收回控制权。

3. 城市轨道交通一般根据客流规律采用__________。

4. 列车运行晚点或早点时，可采用在车站设置“扣车”或设置__________操作以使列车运行符合（或接近）计划运行图。

5. 在运营结束后，由行车调度员提供相关数据供__________进行当日的客车统计。

二、单项选择题

1. 夜间检修或施工时，工程车开行的组织工作由（　　）负责。

A. 工程车驾驶员　　B. 施工联络人　　C. 施工负责人　　D. 行车调度员

2. 根据《行车组织规则》规定，对照列车运行图来统计单程每列晚点时间（因接待工作需要或调整列车运行而导致的晚点，不列入晚点指标），（　　）对发生晚点的客车应记录晚点的原因。

A. 值班调度主任　　B. 施工联络人　　C. 施工负责人　　D. 行车调度员

三、判断题

1. 在每日运营前的规定时间内，行车调度员应检查车辆段和各车站在运营前的相关准备工作。（　　）

2. 城市轨道交通的列车运行一般很少采取无人驾驶模式，信号系统只对列车区间运行的时间在系统能力范围内进行调整。（　　）

3. 在需要工程列车出动执行抢修任务时，一般由设备维修调度员向值班调度主任提出使用工程列车的计划。（　　）

课题三 正常情况下的车站行车组织

课题目标

1. 熟悉车站接发列车工作原则。
2. 掌握车站日常行车组织工作。
3. 掌握车站接发列车报点的规定。

一、车站日常行车组织工作

正常情况下的车站行车组织工作包括运营前的准备工作、运营期间的行车组织工作和运营结束后的工作三部分，具体如下：

1. 运营前的准备工作

车站每天运营前应在规定的时间根据“车站施工登记簿”检查当晚的所有维修施工作业

及调试作业是否已完毕且销点，线路巡视工作是否已完成，确认线路出清并符合行车条件后再进行各项运营前的准备工作。

（1）试验道岔

在每天运营开始前的规定时间，各联锁站（一般指有联锁设备的车站）的行车值班员按照行车调度员的要求试验道岔；道岔试验完毕，将控制权移交给行车调度员；如发现道岔不能正常使用，应及时通知设备维修调度员派人来检查抢修。

（2）检查和准备

主要检查车站值班人员的到岗情况，检查站台区域和轨行区是否有异物侵入限界，开关站台门以查验站台门状态。

2. 运营期间的行车组织工作

车站的行车组织工作是由当班的行车值班员具体负责。正常情况下车站在运营期间的行车组织工作主要包括首班车开行、运营期间的接发列车作业和末班车开行等方面。

（1）首班车开行

开行首班车前，车站各岗位的工作人员要准点开门、开启电扶梯、启动公共区照明和巡视车站等。首班载客列车发车前的规定时间内开始向乘客广播第一列车的到达时间及注意事项。

（2）运营期间的接发列车作业

我国城市轨道交通信号系统普遍实现了列车自动控制，在正常情况下，车站原则上不办理接发列车作业，车站只对列车的运行情况进行监视。个别城市轨道交通企业的站台安全员在确认站台门及车门无夹人夹物情况后及时在指定位置向列车驾驶员显示“好了”手信号；列车运行交路终点站的站台安全员在清客完毕后应及时向列车驾驶员显示“好了”手信号。

各城市轨道交通企业的车站接发列车作业标准要求不尽相同，如 N 市地铁公司中间站的接发列车标准如表 4-3 所示，N 市地铁公司折返站（站前折返）的作业标准如表 4-4 所示，N 市地铁公司折返站（站后折返）的作业标准如表 4-5 所示。

表 4-3　N 市地铁公司中间站的接发列车标准

程序标准		岗位作业标准			
程序	项目	行车调度员	行车值班员	站务员	列车驾驶员
接车	接车作业	⑪通过中央 ATS 和大屏幕监控列车运行及到站、停车情况	③联锁站通过 ATS/LOW 监视列车运行情况 ④联锁站通过 ATS/LOW 确认列车停站情况 ⑤监察自动广播情况或播放必要的广播	①站务员在指定位置（列车运行方向前端第二节车厢第二个客室门位置，靠近紧急停车按钮处）接车，目迎列车进站	②列车进站，对标停车

续表

程序标准		岗位作业标准			
程序	项目	行车调度员	行车值班员	站务员	列车驾驶员
站台作业	乘降作业	⑪通过中央ATS和大屏幕监控列车运行及到站、停车情况		⑦维持秩序并观察乘客上、下车	⑥列车到站停车，列车驾驶员执行开门程序 ⑧待停站时间已到，列车驾驶员执行关门程序
	关门作业			⑨确认车门、站台门关闭良好，未发现夹人、夹物情况，向列车驾驶员显示“好了”信号	⑩列车驾驶员关门完毕后，确认站务员“好了”信号显示，上车后关闭列车驾驶室门，凭车载信号显示动车

表 4-4　N 市地铁公司折返站（站前折返）的作业标准

程序	岗位作业标准			
	行车调度员	行车值班员	站务员	列车驾驶员
接车	④通过中央ATS和大屏幕监控列车运行、到站停车、折返及发车情况	③通过ATS/LOW的计轴占用情况确认列车停站情况	①站务员在指定位置（列车运行方向前端第二节车厢第二个客室门的位置，靠近紧急停车按钮处）接车，目迎列车进站	②驾驶列车进入车站站台，对标停车
站台作业		⑧通过ATS/LOW观察系统自动排放进路是否正确 ⑪通过ATS/LOW观察列车的折返情况，同时根据列车性质（客运列车、排空列车）做好相应的乘客信息广播	⑥维持秩序并观察乘客上、下车 ⑩确认车门、站台门关闭良好，未发现夹人、夹物情况；向列车驾驶员显示“好了”信号	⑤列车驾驶员执行开门程序 ⑦列车驾驶员执行换端作业 ⑨根据DTI指示，确认发车时间已到，列车驾驶员执行关门程序
发车		⑬通过ATS/LOW的计轴占用情况监视列车发车及运行情况		⑫列车驾驶员确认站务员的“好了”信号显示，具备发车条件后启动列车发车至下一站

表 4-5　N 市地铁公司折返站（站后折返）的作业标准

程序	岗位作业标准			
	行车调度员	行车值班员	站务员	列车驾驶员
接车	④通过中央 ATS 和大屏幕监控列车运行、到站停车、折返及发车情况	③通过 ATS/LOW 显示计轴的占用情况，确认列车停站情况	①站务员在指定位置（列车运行方向前端第二节车厢第二个客室门的位置，靠近紧急停车按钮处）接车，目迎列车进站 ⑥执行清客后回到指定位置向列车驾驶员显示“好了”信号	②列车到达终点站，对标停车 ⑤列车驾驶员执行开门程序
折返作业		⑪通过 ATS/LOW 观察列车完全停进折返线后，系统自动排列进路是否正确 ⑭通过 ATS/LOW 观察列车的折返情况，同时根据列车性质（客运列车、排空列车）做好相应的乘客信息广播	⑧确认车门、站台门关闭良好，未发现夹人、夹物情况后向列车驾驶员显示“好了”信号	⑦列车驾驶员执行关门程序 ⑨列车驾驶员确认站务员的“好了”信号显示后上车并关闭列车驾驶室门 ⑩具备发车条件后启动列车驶入折返线 ⑫列车驾驶员执行换端作业 ⑬具备发车条件后，启动列车出折返线
发车		㉑通过 ATS/LOW 的计轴占用情况，监视列车发车及运行情况	⑰维持秩序并观察乘客上车 ⑲确认车门、站台门关闭良好，未发现夹人、夹物情况；向列车驾驶员显示“好了”信号	⑮驾驶列车进入车站站台，对标停车 ⑯列车驾驶员执行开门程序 ⑱根据 DTI 指示，确认发车时间已到，列车驾驶员执行关门程序 ⑳列车驾驶员确认站务员“好了”信号显示，具备发车条件后启动列车发车至下一站

（3）末班车开行

车站应在末班车开出前的规定时间内开始广播，通知车站停止售票和进站检票工作，检查、确认付费区内乘客均已上车且确认无异常情况后才能向列车驾驶员显示发车信号。在末班车离开车站后，应及时清客、关闭车站出入口、关停扶梯并执行车站省电照明模式。

3. 运营结束后的工作

1）关闭闸机、自动售票机、充值机、公共区照明、自动扶梯、无障碍电梯、卷帘门等，调整送 / 排风工况。

2）通过车站监控设备对车站的站厅及站台进行查看，确认有无乘客遗留物品在站内。

3）通过车站门禁系统查看车站内所有环控设备的房门是否都已布控。

4）将收回的对讲机设备进行更换电池并及时充电。

5）对进入车站的施工人员应仔细检查其身份证、施工单及动火证等相关证件，对施工人员做好施工登记和进出入登记。

二、车站接发列车报点的规定

1）在 ATS 正常时，各站不需向行车调度员报客车的到开点，加开图外车次或列车开行时间与计划时间相差 2 分钟以上时，车站不向行车调度员报点但需向邻站报点。

加开图外车次的标准用语为：× × 站报点，× × 次 × 点 × 分（到 / 开 / 通），值班员 × × ×。

列车开行晚点时的标准用语为：× × 站报点，× × 次因 × × 原因 × 点 × 分（到 / 开 / 通），值班员 × × ×。

2）首末三班载客列车、回库列车、早晚点 2 min 以上列车；列车反方向运行、加开列车、专列、救援列车、调试列车、工程车、通过列车、客运分公司要求增报的车次等均应向行车调度员报点。

思考与练习

一、填空题

1. 车站行车组织工作由__________统一负责。

2. 在末班车离开车站后，应及时清客、关闭车站出入口、关停扶梯并执行车站__________模式。

3. 在 ATS 正常时，各站不需向__________报客车的到开点。

二、单项选择题

1. 在 ATS 正常时，加开图外车次或列车开行时间与计划时间相差（　　）以上时，车站不向行车调度员报点但需向邻站报点。

A. 1 min　　B. 2 min　　C. 3 min　　D. 4 min

2. 首末三班载客列车、回库列车、早晚点（　　）以上的列车均应向行车调度员报点。

A. 1 min　　B. 2 min　　C. 3 min　　D. 4 min

三、判断题

1. 列车反方向运行时应向行车调度员报点。（　　）
2. 加开列车无需向行车调度员报点。（　　）
3. 调试列车无需向行车调度员报点。（　　）
4. 客运分公司要求增报的车次应向行车调度员报点。（　　）

课题四　正常情况下的车辆段行车组织

课题目标

1. 了解车辆的移交。
2. 熟悉列车出入段计划的编制。
3. 掌握车辆段接发列车作业。

车辆段是城市轨道交通车辆停放的场所，主要承担城市轨道交通车辆的运用、停放、列检、清扫、洗刷、维修和保养等任务。每天运营开始前，列车由车辆段出发到正线载客运营；运营结束后，列车回到车辆段进行必要的作业和检修保养。

车辆段内的行车指挥部门为车辆段控制中心（Depot Control Center，DCC），车辆段调度员属于城市轨道交通行车组织指挥层级的二级指挥，主要负责组织列车出入段，实施电客车及机车车辆的转轨、取送和检修作业，车辆段内行车设备的检修维护作业，电客车的调试作业等工作。

正常情况下，车辆段行车组织包括列车进出车辆段作业和车辆段内的调车作业两大类。其中，列车进出车辆段作业过程包括车辆的移交、列车出入段计划的编制、接发车作业等内容。

一、车辆的移交

电客车及工程列车根据其所处的状态不同可分为运营状态和维修状态。不同的状态下，其调度指挥权也各不相同：在运营状态下，车辆的指挥权归属车辆段调度员；在维修状态下，车辆的指挥权归属车辆维修部门调度员。因此，车辆从一种状态转入另一种状态时，就需要交换调度指挥权，具体如下：

1. 电客车及工程列车从运营状态转入维修状态

（1）凭证

列车处于计划中的维修状态时，以车辆维修部门调度员提交给车辆段调度员的周检修计划为凭证；列车是临修状态时，以扣车单为凭证。

电客车或工程列车临时发生故障而影响运用时，以车辆维修部门调度员提交给车辆段调度员的扣车单为凭证，扣车并及时组织换车。

（2）转入时间

转入时间以扣修车辆送达指定地点的时刻为准。

（3）周检修计划的确认和变更

列车进段前 2 h，由车辆维修部门调度员与车辆段调度员确认周检修计划并安排好股道；如周检修计划有变更，以车辆维修部门调度员提交的书面通知为主。

（4）车辆的防护及防溜措施

车辆送达指定的维修地点后，由车辆段调车作业人员负责对车辆进行防护及防溜。车辆在扣修期间的防护及防溜措施应由车辆维修部门负责。

2. 电客车及工程列车从维修状态转入运营状态

（1）凭证

电客车以车辆维修部门调度员提交给车辆段调度员的出车计划表和技术状态卡为凭证；工程列车以车辆维修部门调度员签认后返回给车辆段调度员的交车单（针对计划中的维修）或报修单（针对临修）为凭证。

（2）转入时间

转入时间以车辆段调度员接收交车单（或报修单）的时间为准。

（3）防护及防溜措施的撤除

由车辆维修部门人员负责在调车作业实施前撤除车辆维修部门所做的防护及防溜措施，出清线路；车辆送达指定的维修地点后，之前由车辆段调车作业人员所采取的防护及防溜措施由调车作业人员负责撤除。

3. 电客车整备作业

在电客车转入运营状态后，列车驾驶员在驾驶列车前都须进行整备作业，检查其是否具备上线的条件。

二、列车出入段计划的编制

1. 列车出入段计划编制的前提

1）车辆维修部门已移交足够的运用车辆。

2）运用车辆停放的线路及进出的线路均已实现接触网送电。

3）当日其他有关列车开行的文件已进行确认。

2. 列车出入段计划编制流程

（1）出段计划的编制

由车辆段调度员根据当日的列车运行图和其他有关列车开行文件的具体要求编制列车出段计划。编制好的出段计划由车辆段调度员提前发送至控制中心的行车调度员，N 市地铁公司的列车出段计划单如表 4–6 所示。

表 4–6　N 市地铁公司的列车出段计划单

序号	车次	车底号	存车股道	计划发车时间	计划出段股道	是否洗车	备注
1	20311	K202	3A	6：03	Ⅰ	否	
2	30542	K305	3B	6：08	Ⅱ	否	
…	…	…	…	…	…	…	

（2）入段计划的编制

由车辆段调度员根据当日的列车运行图编制列车的入段计划。编制好的入段计划由车辆段调度员提前发送至控制中心的行车调度员，N 市地铁公司的列车入段计划单如表 4–7 所示。

表 4–7　N 市地铁公司的列车入段计划单

序号	车次	车底号	计划存放股道	计划到达时间	计划接车股道	是否洗车	备注
1	12011	K202	3A	10：03	Ⅰ	否	
2	30502	K305	3B	10：08	Ⅱ	否	
…	…	…	…	…	…	…	

三、车辆段接发列车作业

车辆段接发列车作业过程由两部分组成，一部分是由停车列检库到转换轨的进路安排及接发车作业，另一部分是转换轨至正线衔接站之间的接发车作业。

停车列检库到转换轨之间的接发车作业比较简单，与列车转线程序基本一致。转换轨至正线衔接站之间的接发车进路，在正常情况下由行车调度员负责排列且通知列车驾驶员按信号动车。

1. 出段作业

（1）确认线路空闲

1）设有轨道电路的线路，在轨道电路、信号和联锁设备工作正常时，车辆段调度员除直接在控制屏上确认接车线路是否空闲外，还应认真核对线路运用记录簿和占线板记录，确保接车线路空闲。

2）无轨道电路的线路，由车辆段调度员认真核对线路占用登记表和占线板记录，并由车辆段行车助理现场确认线路是否空闲。

3）当线路上接入轻型轨道车辆或长期停放机车、车辆时，应在线路占用登记表和占线板上特别注明；当相关车辆转出后，由车辆段行车助理现场确认线路是否空闲并通知车辆段调度员且由车辆段调度员在线路占用登记表和占线板上注明。

（2）准备进路

1）停车列检库到转换轨处的进路准备

列车整备完毕、状态符合正线的要求后，列车驾驶员与车辆段调度员联系出库。信号楼值班员按照列车的开行计划、列车运行图的要求和行车调度员及车辆段调度员的命令，及时、正确地准备发车进路。

2）转换轨至正线衔接站处的进路准备

列车到达转换轨后，由行车调度员负责排列转换轨至正线衔接站之间的进路，通知列车驾驶员看信号进入正线运行。

2. 入段作业

列车到达衔接站准备入段时，行车调度员负责排列正线衔接站至转换轨之间的进路，通知列车驾驶员看信号运行至转换轨处。列车到达转换轨后，信号楼值班员在确认线路空闲后，按照列车开行计划、列车运行图的要求及行车调度员的命令，及时、正确地准备接车进路，排列转换轨至停车列检库之间的进路。

思考与练习

一、填空题

1. 车辆段内的行车指挥部门为车辆段控制中心，简称__________。
2. 电客车及工程列车根据其所处的状态不同可分为__________状态和维修状态。
3. 列车是临修状态时，以__________为凭证。

二、单项选择题

1. 列车到达衔接站准备入段时，(　　) 负责排列正线衔接站至转换轨之间的进路。

A. 行车调度员　　B. 车辆段调度员

C. 车辆段调车作业人员　　D. 调车长

2. 电客车及工程列车转入维修状态的车辆在送达指定的维修地点后，由（　　）负责对车辆进行防护及防溜。

A. 行车调度员　　B. 车辆段调度员

C. 车辆段调车作业人员　　D. 调车长

3. 车辆在扣修期间的防护及防溜措施应由（　　）负责。

A. 行车调度员　　B. 车辆段调度员

C. 车辆段调车作业人员　　D. 车辆维修部门

三、判断题

1. 无轨道电路的线路，由车辆段调度员认真核对线路占用登记表和占线板记录，无需现场确认线路是否空闲。（　　）

2. 当线路上接入轻型轨道车辆或长期停放机车、车辆时，无需在线路占用登记表和占线板上特别注明。（　　）

3. 在轨道电路、信号和联锁设备工作正常时，车辆段调度员直接在控制屏上确认接车线路是否空闲即可，无需核对线路运用记录簿和占线板记录。（　　）

4. 车辆段调度员属于城市轨道交通行车组织指挥层级的二级指挥。（　　）

5. 列车到达转换轨后，信号楼值班员在确认线路空闲后，按照列车开行计划、列车运行图的要求及行车调度员的命令，及时、正确地准备接车进路，排列转换轨至停车列检库之间的进路。（　　）

模块五 5

非正常情况下的行车组织

模块描述

城市轨道交通行车组织工作关系到城市轨道交通系统的效益、能力和安全，非正常情况下的行车组织工作尤其考验着行车人员的业务技能及执业素养。联锁区故障的类型有哪些？电话闭塞法接发列车的作业程序有哪些？列车故障救援的原则是什么？如何开展列车故障救援的行车组织工作？列车反方向运行的注意事项有哪些？

本模块将从车站联锁设备故障时的行车组织、列车故障救援的行车组织、特殊情况下的行车组织三个方面进行介绍。

学习目标

1. 知识目标

1）熟悉联锁区故障的类型。

2）掌握电话闭塞法接发列车的作业程序及相关记录的填记。

3）掌握列车故障救援的行车组织方法。

4）熟悉特殊情况下的行车组织工作。

2. 能力目标

1）能描述联锁区故障的类型。

2）能掌握电话闭塞法接发列车的作业程序并正确填记相关的记录。

3）能掌握列车故障救援的原则并科学开展列车故障救援的行车组织工作。

4）能描述特殊情况下的行车组织工作类型。

3. 素质目标

1）认识到非正常情况下的行车组织工作在日常的城市轨道交通行车组织工作中的重要地位。

2）培养严谨的工作习惯，树立“在岗一分钟，安全六十秒”的责任意识，确保城市轨道交通行车组织高效进行。

课题一 车站联锁设备故障时的行车组织

课题目标

1. 熟悉联锁区故障时的行车组织方法。
2. 掌握电话闭塞法接发列车的作业程序。
3. 熟悉车站联锁设备故障时的行车组织案例。

车站联锁设备故障主要表现为线路的一个或多个联锁区联锁失效，一旦某个联锁区联锁失效，建立在联锁系统之上的 ATC 系统便完全失效，列车运行安全便失去信号系统的保护，行车调度员也无法确定故障区域内列车的实际位置。联锁设备故障时的行车组织难度较大，也具有较大的行车安全隐患，行车调度员和车站行车值班员在处置联锁设备故障的过程中需严格按作业程序操作，确保行车安全。

一、联锁区故障时的行车组织的方法

1）单个联锁区发生联锁故障时，行车调度员须立即扣停开往该故障区域的列车并指令其在原地待令，待故障区域内的全部列车都进站停车后方可发布调度命令按电话闭塞法组织

行车（在非故障区域内的行车组织方法不变）。

2）当两个及以上的联锁区发生联锁故障时，若采用电话闭塞法组织行车必将导致较大故障区域内的行车效率低下，因此国内多数城市轨道交通企业规定届时在故障影响区域内停止列车运营服务而改用地面公交车接驳，运营线路的非故障区域内采用小交路运行。

3）当线路两端折返站的联锁设备发生故障时，必须在所有列车到达站线或折返线后方可采用电话闭塞法组织行车。

组织故障区域内的列车进站停车（见图 5–1）情况如下：

①列车已在站停车（如图 5–1 中的上行 4 号车），行车调度员命令列车驾驶员在原地待令。

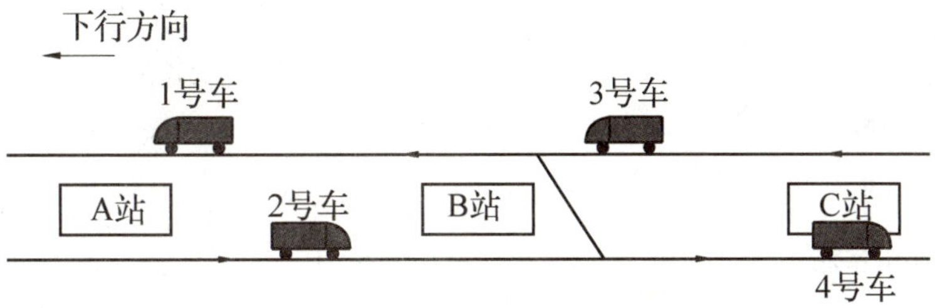

图 5–1　故障区域内的列车进站停车组织

②列车即将进站（如图 5–1 中的下行 1 号车）或刚刚出站，行车调度员命令列车驾驶员改用限制人工驾驶模式进站（针对即将进站的列车）待令或退行（针对刚刚出站的列车）至车站待令。

③遇列车迫停在区间（如图 5–1 中的上行 2 号车）时，行车调度员在确认停车位置至前方站之间的线路无列车占用且无道岔存在后指令列车驾驶员改用限制人工驾驶模式进入前方站待令；如果列车停车位置至前方站之间的线路无列车占用但有道岔存在（如图 5–1 中的下行 3 号车）时，行车调度员须先通知 B 站派胜任人员给道岔进行人工加锁且在得到车站关于道岔加锁完毕并人员出清的汇报后方可命令列车驾驶员改用限制人工驾驶模式进站待令。

在故障区域内的所有列车都进站停车后，行车调度员和车站行车值班员共同确认按电话闭塞法行车的第一趟列车的前方运行区间和前方站台均空闲，行车值班员按电话闭塞法的作业程序和邻站行车值班员办理相关手续，使用手信号发车，列车驾驶员在故障区段以限制或非限制人工驾驶模式谨慎驾驶（个别城市轨道交通企业规定此时要有胜任人员添乘，协助列车驾驶员瞭望信号），以确保行车安全。

当列车在联锁设备故障区段以 RM 模式或 NRM 模式运行时，车站按电话闭塞法进行接发列车作业，这对乘客服务的影响很大。近年来，乘客对城市轨道交通服务质量的要求越来越高，而联锁设备故障造成的列车延误一般都在 15 min 以上，届时会造成乘客退票，这对城市轨道交通企业将产生较大的负面影响。在此情况下，行车指挥人员应将保障乘客的安全放在第一位，切忌因担心乘客退票或投诉而强行提高效率却置行车安全于不顾。

二、电话闭塞法接发列车

电话闭塞法是当城市轨道交通线路的联锁设备故障而不能使用时由车站行车值班员利用站间的行车电话以电话记录的方式办理闭塞以维持列车运行的一种代用行车组织方法，其主要作用是当联锁设备因故障而无法保证列车运行的安全间隔时通过人工的方式拉开同方向运行的两列车之间的间隔以维持轨道交通列车的安全运行。

电话闭塞法是在没有机械和电气设备控制的条件下仅凭站间的行车电话联系来保证列车运行间隔的行车方法，其安全程度较低，是一种临时代用的行车闭塞法。采用电话闭塞法行车时，应有行车调度员的调度命令且严格按照规定的作业办法与要求来办理。

国内城市轨道交通企业使用电话闭塞法行车的行车间隔不尽相同，通常采用“两站两区间”、“一站两区间”和“一站一区间”三种不同的行车间隔；采用“两站两区间”和“一站两区间”作为行车间隔时，列车在联锁设备故障区域内使用 NRM 模式驾驶；采用“一站一区间”作为行车间隔时，列车在故障区域内使用 RM 模式驾驶。本书以“两站两区间”的行车间隔为例来阐述电话闭塞法在行车组织工作中的运用。

1. 电话闭塞法的具体运用

“两站两区间”对于一般车站的具体含义如图 5-2（a）所示，B 站行车值班员只有在接车进路准备完毕且 2 号车已出清 C 站的上行站台后方可同意 A 站 1 号车的闭塞请求且和 A 站行车值班员办理相关手续。“两站两区间”对于折返站的具体含义如图 5-2（b）所示，E 站行车值班员只有在接车进路准备完毕且 2 号车已完成折返作业后方可同意 D 站 1 号车的闭塞请求且和 D 站行车值班员办理相关手续；当 1 号车到达 E 站后，因同方向没有临站则列车进出折返线时不需办理路票，E 站行车值班员只需安排有关人员将折返进路上的道岔进行人工加锁后即可进行列车折返作业。

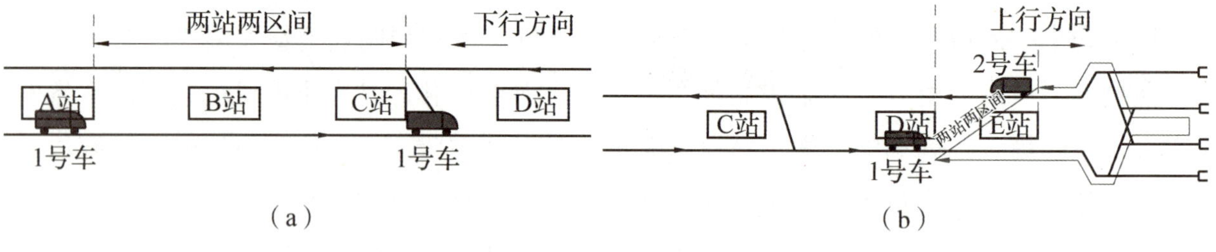

图 5-2 “两站两区间”示意图

单个联锁区内发生联锁故障区域的端点车站向相邻的非故障区域车站发车时，通常采用“一站两区间”的行车间隔来办理电话闭塞，这是因为列车开出故障区域后可恢复正常的运行模式，行车安全得到足够的保证。如图 5-3 所示，B 站行车值班员在 B 站下行接车进路准备完毕、B 站下行站台空闲和 A 站—B 站下行区间空闲后即可同意 C 站下行 2 号车的闭塞请求。特别注意：3 号车从非故障区域的 B 站上行站台向故障区域的 C 站发车，因发车时要采用 NRM 模式驾驶，故 3 号车仍需和同方向的 4 号车维持“两站两区间”的行车间隔。

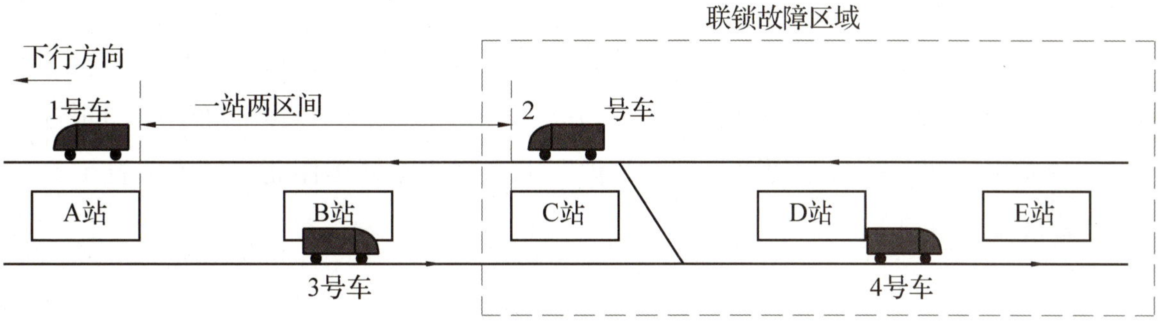

图 5-3　单个联锁区故障时“一站两区间”示意图

改用电话闭塞法行车或恢复基本闭塞法行车时，必须有行车调度员的调度命令。因在使用电话闭塞法行车时无信号设备保证行车安全，为防止因人为疏忽而导致同方向列车尾追，车站行车值班员在接发列车过程中要严格按规定的程序进行，禁止违章作业。

2. 电话闭塞法的作业程序

国内各城市轨道交通企业颁布的《行车组织规则》和有关行车的规定中针对电话闭塞法组织行车的作业程序不尽相同，基本步骤如下：

接发车手信号

（1）办理闭塞

由发车站行车值班员向接车站行车值班员请求闭塞，接车站在确认与前行列车的间隔符合规定、接车线路空闲且接车进路准备妥当后，向发车站发出承认某次列车闭塞的电话记录号码。

（2）发出列车

发车站接到接车站承认闭塞的电话记录号码后，填写并交接路票，待乘客上下车完毕且具备发车条件后向列车显示发车手信号（见图 5-4）进行发车。待列车出发后，发车站向接车站通报列车车次、出发时分，填写“行车日志”并向行车调度员报点。

图 5-4　站务员向列车驾驶员显示发车手信号（彩图见附录二）

（3）闭塞解除

列车整列到达并发出或进入折返线且已完成折返作业时，接车站可向发车站发出开通区间的电话记录号码，填写“行车日志”并向行车调度员报点。

（4）取消闭塞

在闭塞办妥后因故不能接车或发车时，应立即发出停车手信号进行防护，由提出取消闭塞的一方发出的电话记录号码作为闭塞取消的依据。列车由区间途中退回发车站时，由发车站发出的电话记录号码作为取消闭塞的依据。任何情况下取消闭塞均应及时向行车调度员报告。

以“两站两区间”的行车间隔为例详细说明电话闭塞法接车作业程序（见表 5–1）和发车作业程序（见表 5–2）。

表 5–1　电话闭塞法接车作业程序

程　序	作业标准	
	值班站长	行车值班员
听取闭塞请求	①听取后方站的闭塞请求、复诵“×× 站 ×× 次请求闭塞”	
	②根据“行车日志”（或通过车站操作员工作站、视频监控系统）、调度命令确认站内线路空闲和区间线路空闲（第一趟列车应与行调、发车站共同确认）	
	③根据“行车日志”确认前方站线路空闲和区间线路空闲（第一趟列车应与行调、前方站共同确认）	
检查及准备进路	④布置值班员（站务员）“检查 × 道，准备 ×× 次 × 道（上行或下行线）接车进路”	⑤复诵“检查 × 道，准备 ×× 次 × 道（上行或下行线）接车进路”
	⑦听取汇报后，复诵“×× 次（× 道，上行或下行线）接车进路好了（线路出清）”	⑥将进路上的道岔开通正确位置并加锁，向值班站长报告“×× 次 × 道（上 / 下行线）接车进路好了（线路出清）”
同意闭塞	⑧通知发车站“电话记录 ×× 号 × 分同意 ×× 次闭塞”，填写“行车日志”，准备接车	
接车	⑨听取发车站的发车通知，复诵“×× 次 ×× 分开”，填写“行车日志”，并向前方站请求闭塞	
	⑩布置值班员（站务员）“×× 次开过来了，准备接车”	⑪ 复诵“×× 次开过来了，准备接车”，监视列车进站停车
	⑬ 复诵“×× 次到达”，填写“行车日志”，向行调报点	⑫ 列车对位停车后，向值班站长报“×× 次到达”
开通区间	⑭ 列车由本站开出后，向发车站报点“电话记录 ×× 号，×× 次 ×× 分开”，开通区间	

表 5-2　电话闭塞法发车作业程序

程序	作业标准	
	值班站长	行车值班员
请求闭塞	①根据“行车日志”、调度命令确认区间线路空闲（第一趟列车应与行调、接车站共同确认）	
	②向前方站请求闭塞“××次请求闭塞”	
准备发车进路	③布置值班员“准备××次×道（上/下行线）发车进路”	④复诵“准备××次×道（上/下行线）发车进路”
	⑥听取汇报，复诵“××次×道（上/下行线）发车进路好了（线路出清）”	⑤将进路上的道岔开通正确位置并加锁，确认正确后，向值班站长报告“××次×道（上/下行线）发车进路好了（线路出清）”
办理闭塞	⑦复诵:“电话记录××号，×分同意××次闭塞”	
	⑧填写“行车日志”	
	⑨布置行车值班员填写路票	⑩根据值班站长命令填写路票并向值班站长复诵
	⑪指示行车值班员向列车驾驶员交付路票后显示发车信号	⑫向列车驾驶员交付路票后，确认乘客上下车完毕，列车车门关闭后向列车驾驶员显示发车信号
列车出发	⑭复诵“××次出发”，填写“行车日志”	⑬列车出清站台区后，向车控室报“××次出发”
	⑮列车出发后，向前方站（接车站）报点，“××次××分开”。当列车尾部越过站台头端墙后，向后方站报点，“电话记录××号，××次××分开”，开通区间 后向行调报点，“××站报点，××次××分到，××分开”	
开通区间	⑯复诵前方接车站“电话记录××号，××次××分开”，填写“行车日志”，开通区间	

3. 路票和行车日志的填记

路票是采用电话闭塞法行车时列车进入区间的行车凭证。路票是由发车站的行车值班员（或行车值班员指定的胜任人员）填写，路票应包括电话记录号码、车次、运行区间、行车值班员签名、填发日期、车站行车专用章等要素，不得有任何遗漏。

填写后的路票应根据“行车日志”记录认真检查，确认无误并加盖发车站的行车专用章后方可送交驾驶员。由助理值班员在站台现场填写的路票必须通过电话与车站行车值班员进行核对（通常情况下，车站所存路票上的占用区间项已事先印制好且按上下行方向放入不同的路票盒内，要特别注意在填写路票时避免取错路票）。

路票不得在未得到电话记录号码前预先填写，也不得在进路未准备妥当之前填写。若路票已交付于列车驾驶员却因特殊原因停止发车，应及时收回路票。填写路票应内容齐全、字迹清楚、不得涂改。当填写错误时应在路票上划“×”注销并重新填写。

三、车站联锁设备故障时的行车组织案例

1. 车站联锁设备故障概述

本案例介绍了某市轨道交通一号线（该线路既有东西方向走向又有南北方向走向）的某联锁区内联锁设备发生故障时行车调度员在故障区域采用电话闭塞法组织列车运行的过程。在行车指挥中，1 号行车调度员负责指挥一号线所有车站的行车值班员，2 号行车调度员负责指挥在该线上运行的所有列车的驾驶员。

8 月 26 日上午平峰时某市轨道交通一号线上运营 12 列车，行车间隔为 6 min 30 s。10：20，调度控制中心监控设备显示 P 站联锁区故障，同时 N 站、O 站和 P 站报联锁设备故障，该区段的 1208 次列车产生紧急制动，0611 次列车在 O 站的下行站台无法收到速度码；经人工排列进路试验后行车调度员判断为 P 站联锁区故障，检修调度员组织维修人员紧急抢修。在此期间，行车调度员采用电话闭塞法组织行车。20 min 后，故障排除，恢复正常运营。

2. 车站联锁设备故障时的行车组织

10：20　行车调度员发现监控设备上 P 站联锁区故障，立即通知设备维修调度员及值班主任。

10：20　N 站、O 站和 P 站报：本站联锁设备故障。

10：20　1 号行车调度员：各站加强观察。

10：20　1208 次列车驾驶员报：1208 次在 O 站—P 站上行区间紧急制动，列车无速度码。

10：20　0611 次列车驾驶员报：0611 次在 O 站下行站台收不到速度码，无法动车。

10：20　2 号行车调度员：0611 次 O 站下行站台待令。1208 次确认前方进路，以 RM 模式动车，进入 P 站待令。0910 次在 M 站多停 2 min。各车做好乘客安抚工作。0908 次复诵。2 号行车调度员。

10：21　2 号行车调度员在控制中心 ATS 设备上试验从 M 站向 N 站排列进路，进路不能排列，判断为 P 站联锁区故障。

10：21　2 号行车调度员向值班主任报告：P 站联锁区联锁设备故障，1208 次停在 O 站—P 站上行区间，0611 次在 O 站下行站台无速度码。

10：21　值班主任：各调度员，现 P 站联锁区联锁设备故障，启动联锁设备故障应急处

理程序。

10：22　2 号行车调度员：1208 次、0611 次列车汇报目前位置。

10：22　列车驾驶员报：1208 次停在 P 站上行站台、0611 次停在 O 站下行站台（见图 5–5）。

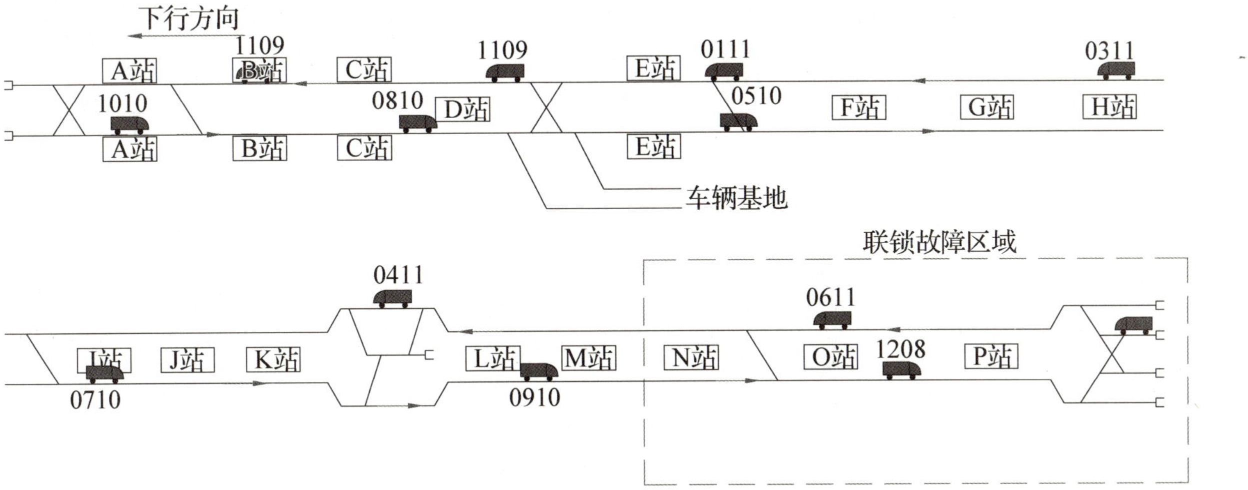

图 5–5　P 站联锁区联锁设备故障时列车的位置

10：22　设备维修调度员通知信号检修人员到故障区段检修。

10：23　2 号行车调度员：全线列车注意，由于 P 站联锁区联锁设备故障，各次列车在各站多停 30 s。自 10：22 起，M 站—P 站间采用电话闭塞法组织行车，上行列车自 M 站开出时自行切除 ATP，采用 NRM 模式动车，下行列车到达 M 站时恢复 ATP 运行。P 站固定采用Ⅳ道折返，0910 次复诵。2 号行车调度员。

10：23　1 号行车调度员：全线各站注意，由于 P 站联锁区联锁设备故障，各次列车在各站多停 30 s。自 10：22 起，M 站—P 站间采用电话闭塞法组织行车，采用 NRM 模式动车。M 站准备站务员登乘列车引导。P 站固定采用Ⅳ道折返，P 站做好人工办理进路及使用钩锁器锁闭道岔准备。各站加强乘客服务工作。P 站复诵。1 号行车调度员。

10：23　1 号行车调度员：N 站、M 站共同确认上行区间是否空闲，N 站、O 站共同确认下行区间是否空闲。

10：23　N 站、M 站报：上行区间空闲。N 站、O 站报：下行区间空闲。

10：24　P 站报：人工办理进路及使用钩锁器锁闭道岔准备完毕。

10：24　2 号行车调度员：0611 次、0910 次按电话闭塞法行车，前方区间空闲。O 站准备站务员登乘列车引导。1208 次折返到下行站台。0611 次复诵。2 号行车调度员。

10：24　M 站与 N 站办理电话闭塞，O 站与 N 站办理电话闭塞。

10：25　0611 次、0910 次收到路票后，凭人工信号动车，O 站、M 站各派 1 名站务员登乘列车。

10：26　P 站人工办理进路，1208 次折返到下行站台。

10：27　0611 次、0910 次到达 N 站（见图 5-6），N 站报点，2 号行车调度员铺画列车运行图。

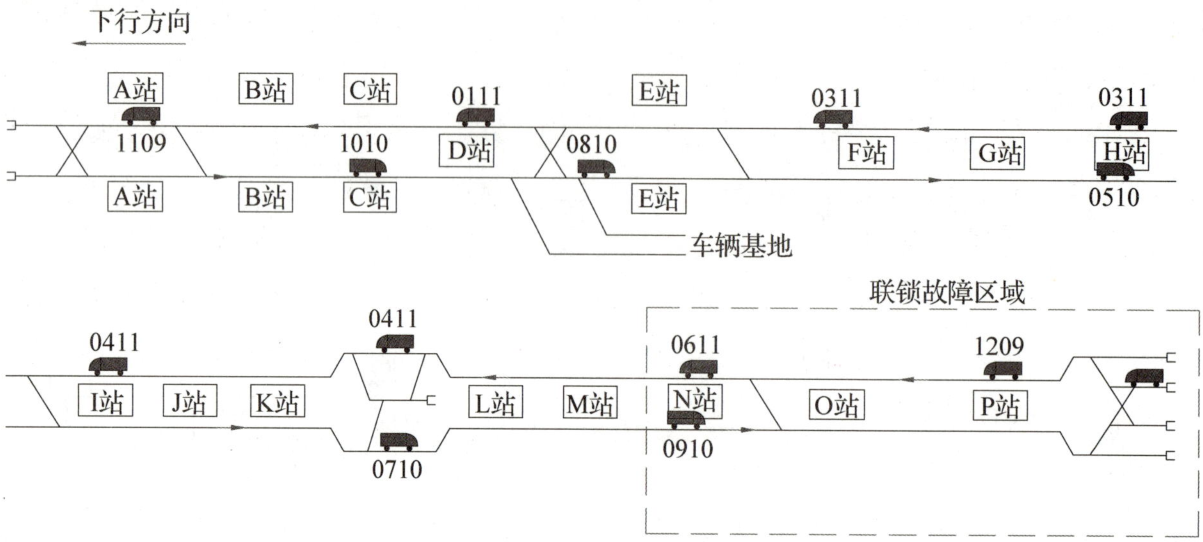

图 5-6　故障区域采用电话闭塞法行车

10：27　N 站与 O 站办理 0910 次电话闭塞，N 站与 M 站办理 0611 次电话闭塞。

10：28　0611 次、0910 次收到路票后，凭人工信号动车，N 站报点。

10：29　0611 次出站后，P 站与 O 站办理 1209 次电话闭塞。

10：30　1209 次收到路票后，凭人工信号动车。P 站派 1 名站务人员登乘列车。

10：31　0611 次到达 M 站，站务人员下车，列车恢复正常驾驶模式（见图 5-7）。0910 次到达 O 站。

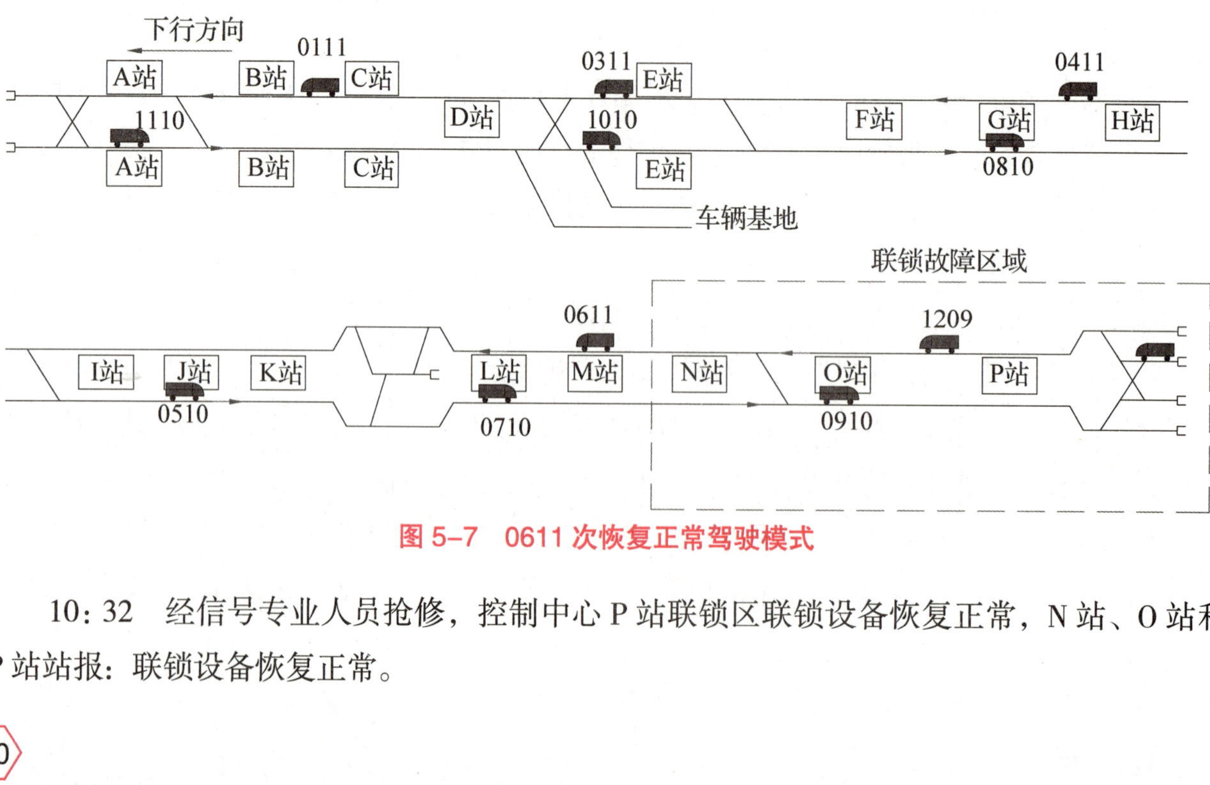

图 5-7　0611 次恢复正常驾驶模式

10：32　经信号专业人员抢修，控制中心 P 站联锁区联锁设备恢复正常，N 站、O 站和 P 站站报：联锁设备恢复正常。

10：33　信号检修人员报设备维修调度员：机房主板损坏，已更换完毕，现 P 站联锁区联锁设备恢复正常。

10：33　2 号行车调度员：全线列车注意，P 站联锁区已恢复正常，现决定全线恢复正常行车，前发电话闭塞法行车命令取消。M 站—P 站区段内列车恢复 ATP 运行。0910 次复诵。2 号行车调度员（0910 次列车驾驶员复诵）。

10：33　1 号行车调度员：全线各站注意，P 站联锁区已恢复正常，现决定全线恢复正常行车，前发电话闭塞法行车命令取消。P 站复诵。1 号行车调度员（P 站复诵）。

10：34　行车调度员开始进行运营调整。

3. 经验总结与问题分析

1）处理本次故障时，行车调度员采用了扣车、增加停站时间等调度调整方式并根据实际情况采用电话闭塞法组织行车，人工办理折返进路并通知列车驾驶员及车站加强服务，将故障带来的影响降到最低程度。

2）对于故障初期停在区间的装备列车，行车调度员须在命令其确认前方进路、以 RM 模式动车进前方站停车后再次确认列车的位置且当所有列车都进站停车后方可发布采用电话闭塞法行车的命令，即：绝不允许有车停在区间时便命令采用电话闭塞法组织行车，这是上海地铁“9·27”事故给我们的惨痛教训。

案例：北京地铁 12.12 行车安全重大事故

思考与练习

一、填空题

1. 单个联锁区发生联锁故障时，行车调度员须立即扣停开往该故障区域的列车并指令其在原地待令，待故障区域内的全部列车都进站停车后方可发布调度命令按__________组织行车（在非故障区域内的行车组织方法不变）。

2. __________是在没有机械和电气设备控制的条件下仅凭站间的行车电话联系来保证列车运行间隔的行车方法，其安全程度较低，是一种临时代用的行车闭塞法。

3. 改用电话闭塞法行车或恢复基本闭塞法行车时，必须有__________的调度命令。

4. 由助理值班员在站台现场填写的路票必须通过电话与__________进行核对。

二、单项选择题

1. 采用“两站两区间”和“一站两区间”作为行车间隔时，列车在联锁设备故障区域内使用（　　）驾驶。

A. ATO 模式　　B. ATPM 模式　　C. NRM 模式　　D. RM 模式

2. 采用“一站一区间”作为行车间隔时，列车在故障区域内使用（　　）驾驶。

A. ATO 模式　　B. ATPM 模式　　C. NRM 模式　　D. RM 模式

3. 单个联锁区内发生联锁故障区域的端点车站向相邻的非故障区域车站发车时，通常采用（　　）的行车间隔来办理电话闭塞，这是因为列车开出故障区域后可恢复正常的运行模式，行车安全得到足够的保证。

A. 两站两区间　　B. 两站一区间　　C. 一站两区间　　D. 一站一区间

三、判断题

1. 列车由区间途中退回发车站时，由发车站发出的电话记录号码作为取消闭塞的依据，无需向行车调度员报告。（　　）

2. 路票是由接车站的行车值班员（或行车值班员指定的胜任人员）填写。（　　）

3. 路票不得在未得到电话记录号码前预先填写，也不得在进路未准备妥当之前填写。（　　）

4. 若路票已交付于列车驾驶员却因特殊原因停止发车，应及时收回路票。（　　）

5. 填写路票应内容齐全，当填写错误时可以涂改而无需重新填写。（　　）

课题二　列车故障救援的行车组织

课题目标

1. 熟悉列车故障救援的原则。
2. 掌握列车故障救援的行车组织方法。
3. 熟悉列车故障救援案例。

城市轨道交通列车救援是指在运营时间内列车因故障迫停在区间或站台而无法自行动车，必须通过救援驶离救援地点以便恢复线路畅通的情况。

列车发生故障需要救援时，列车驾驶员应立刻向行车调度员报告，行车调度员及时将故障情况通报车辆检修调度员并根据车辆检修调度员的建议来决定列车是维持到运营终点后再退出运营还是立刻退出运营。

城轨交通列车在运营过程中经常会出现列车无牵引力或制动系统故障将轮对卡死等情况，通常的处理方法是采取救援措施在最短的时间内将故障列车拖走（或推走），出清运营线，最大限度地减少故障对城轨交通运营全局的干扰和影响。

一、列车故障救援的原则

1）列车故障救援时一般可使用车辆段内的内燃机车或在正线上运营的其他列车进行牵引（或推进）作业完成。实际工作中通常采用在正线上运行的列车来完成，只有当故障列车靠近车辆段时，行车调度员才会考虑动用车辆段内的内燃机车参与救援。

2）正线运营的列车发生故障需要进行救援时，应尽量遵循“顺向救援”的原则（即原则上应尽量采用相邻的后续列车正向推进故障列车的方式进行救援）以确保其他正线列车的正常运行秩序。

如图 5-8 所示，0715 次列车在 D 站—E 站下行区间发生故障需要救援时，行车调度员一般会命令其后的 0915 次列车对故障列车进行救援；此时，相较于由前行的 0415 次列车或其他列车施行救援任务有两个方面的优势。一方面，0915 次列车驾驶员在 F 站或 E 站清客后即可前往故障列车所在区间施行救援任务，节省了列车驾驶员换端的时间，这对于前行列车和后续列车的运营影响并不大；如果由 0415 次列车施行救援任务，则列车驾驶员既需换端作业又需反方向运行才能到达故障列车所在区间，而 0915 次列车也因无法按列车运行图的规定运行且被迫清客而改开小交路。另一方面，相较于顺向救援而言，逆向救援使得城市轨道交通线路上列车的正常“逆时针运营”秩序被彻底打乱，行车调度员将不得不采取小交路、单线双向运行等调度手段来对行车秩序进行调整，这无疑增加了行车处理难度。

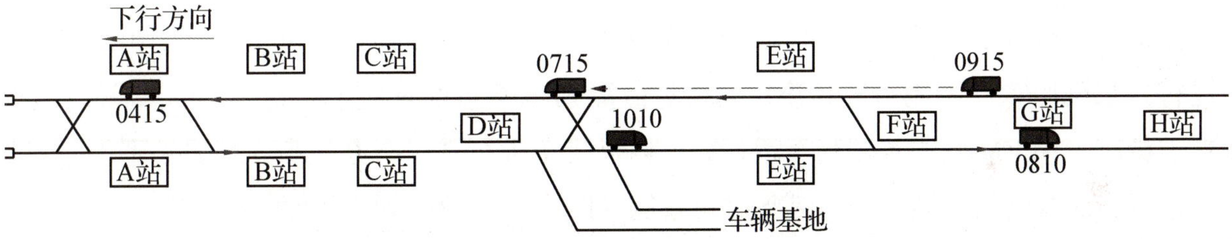

图 5-8　列车救援中的“顺向救援”原则

二、列车故障救援的行车组织方法

1. 列车故障救援前的准备工作

1）列车在区间或车站因故障被迫停车或不能起动时，列车驾驶员要立即采取有效防护措施且用无线电话或其他有效通信工具向行车调度员报告情况并在规定的时间内进行故障排除，如不能迅速排除故障应及时向行车调度员汇报并请示故障救援。

2）故障列车驾驶员的救援请求报告应包含的内容有列车车次、请求救援的事由、迫停时分、迫停地点、是否影响邻线及其他需要说明的事项。

3）列车故障情况下的行车组织由 OCC 全权负责，故障的判断和处理由列车驾驶员负责，行车调度员有责任提出辅助处理意见，但列车驾驶员离开驾驶室去处理故障前须得到行车调度员的批准。

4）行车调度员决定救援或接到列车驾驶员的救援请求后，应向有关车站、列车驾驶员发布开行救援列车的调度命令且需讲清楚救援列车的开行方向。采用无 ATP 保护的列车施行救援或因挤岔、脱轨、线路故障等可能会影响后续列车行车安全的要素施行救援时必须发布封锁线路的命令。

5）已申请救援的列车严禁动车，列车驾驶员应做好安全防护及救援准备工作（包括技术与服务准备，如施加列车停车制动，关闭相关开关、阀门，进行客室广播说明情况或进行清客等）并在救援列车开来方向打开列车车头灯进行防护。

6）故障列车在站台时需要立即组织清客；当故障列车停在区间时，如果确认救援列车在较长时间内不能挂走故障列车，则需要组织区间清客；清客时，由行车调度员发出命令通知列车驾驶员和有关车站，要求做好乘客疏散的组织工作；在进行区间清客时，还需要环控调度员组织隧道送风。

2. 列车故障救援的过程

1）原则上救援列车必须空车前往施行救援。救援列车驾驶员接到救援命令后，广播清客两次便可关闭客室照明，一定时间内未能清客完毕则可带客前往救援。救援列车到达存车线（车辆段）前需安排车站、公安配合再次进行清客。运营时间内如需使用工程车进行救援，则工程车应采用内燃机车且加装过渡车钩。

2）救援列车驾驶员必须清楚知晓故障列车的停车位置，在接近故障列车的行进过程中应严格执行行车调度员下达的救援命令。在救援列车开往故障地点的过程中应采用 ATPM 模式运行并加强瞭望、限制行车速度；当接近故障列车停车点时列车收到“零码”，列车停车后驾驶员应采用 RM 模式驾驶列车运行。以内燃机车施行救援时必须高度警惕，不得超过规定的速度，认真瞭望并防止失去制动时机及制动距离而与故障列车相撞。

3）救援列车应距故障列车 20 m 处停车，后以 5 km/h 速度接近故障列车；在 3 m 处一度停车，听候救援负责人（被救援列车驾驶员）的指挥进行连挂作业。故障列车在连挂之前可继续排除故障但不能动车，如故障排除则应报告行车调度员以解除救援。

4）故障列车驾驶员在完成等待救援的准备工作后应在救援列车连挂端的前方进行防护，发现救援列车到达，必须按规定显示手信号或用无线电对讲机与救援列车驾驶员联络，待救援列车驾驶员回复后方可允许挂车。在得到可以连挂的信号后，救援列车以 3 km/h 的速度进行连挂；列车连挂后，救援列车驾驶员要进行试拉以确认连挂可靠后通知故障列车驾驶员缓解制动。

5）救援列车驾驶员和故障列车驾驶员联系确认列车完全缓解并确认无线电对讲设备测试良好后方可按规定动车，一般推进故障列车运行时限速 25 km/h，牵引故障列车运行时限速 45 km/h，运行中两列车驾驶员可通过对讲机进行联系确认。救援牵引运行时，前方进路由救援列车驾驶员负责瞭望和确认，行车方式为手动驾驶。救援推进运行时，前方进路由故障列车驾驶员负责瞭望和确认，行车方式为手动驾驶；遇有危及行车安全的情况应立即用无线电话通报救援列车驾驶员停车；天气不良或环境恶劣时，应适当降低速度。

3. 列车故障救援结束后的工作

待现场抢险及救援工作完毕，救援人员、工具出清线路，具备恢复列车正常运营的条件后，各专业人员立即向现场指挥汇报；所有专业人员救援、抢修完毕并检查确认具备恢复列车正常运营的条件后，现场指挥及时向总指挥汇报。

总指挥在接报具备恢复列车正常运营的条件后，发布或授权发布救援终止命令，恢复列车的正常运营。遇到发生人员伤亡或设备损坏时，按城市轨道交通企业的有关应急预案规定执行。若发生故障后，受影响的车站要做好相关的运营服务工作，行车调度员要根据具体情况对列车运行进行科学的调整。

思考与练习

一、填空题

1. 列车故障救援时一般可使用车辆段内的________或在正线上运营的其他列车进行牵引（或推进）作业完成。

2. 列车故障情况下的行车组织由________全权负责。

3. 列车故障的判断和处理由________负责。

二、单项选择题

1. 救援列车应距故障列车 20 m 处停车，后以（　　）速度接近故障列车。

A. 2 km/h　　B. 3 km/h　　C. 4 km/h　　D. 5 km/h

2. 救援列车应距故障列车（　　）处一度停车，听候救援负责人（被救援列车驾驶员）的指挥进行连挂作业。

A. 1 m　　B. 2 m　　C. 3 m　　D. 4 m

3. 救援列车驾驶员和故障列车驾驶员联系确认列车完全缓解并确认无线电对讲设备测试良好后方可按规定动车，一般推进故障列车运行时限速（　　），运行中两列车驾驶员可通过对讲机进行联系确认。

A. 10 km/h　　B. 15 km/h　　C. 20 km/h　　D. 25 km/h

三、判断题

1. 列车驾驶员离开驾驶室去处理故障前须得到行车调度员的批准。（　　）

2. 在得到可以连挂的信号后，救援列车以 5 km/h 的速度进行连挂。（　　）

3. 列车连挂后，救援列车驾驶员要进行试拉以确认连挂可靠后通知故障列车驾驶员缓解制动。（　　）

课题三 特殊情况下的行车组织

课题目标

1. 掌握列车反方向运行。
2. 熟悉列车单线双向运行。
3. 掌握列车退行。
4. 掌握列车推进运行。
5. 掌握列车在站通过。
6. 熟悉运营秩序紊乱时的行车组织。

在正常情况下，城市轨道交通列车都是双线单方向、逆时针循环运行；在发生设备故障或出现突发事件时，行车调度员会根据不同的情况采用特殊的行车组织方法以维持线路的运营。

一、列车反方向运行

正常情况下，列车按正方向运行；在特殊情况下，可组织列车反方向运行。所谓的列车反方向运行是指在上行方向的线路上开行下行列车或在下行方向的线路上开行上行列车的情形。如图 5-9 所示，1015 次列车在 P 站下行站台开出后不久便发生了车辆故障急需救援，虽然 0913 次列车在线路上正常运行，但因 1015 次列车的故障点很靠近 P 站的存车线，行车调度员往往会命令正常运行的 0913 次列车施行救援任务，反方向运行至 1015 次列车所在位置，连挂故障列车后将其推进运行至 P 站的存车线，此做法能够较快地将故障列车清理出正线，使得车辆故障对正线运营的影响降到最低。

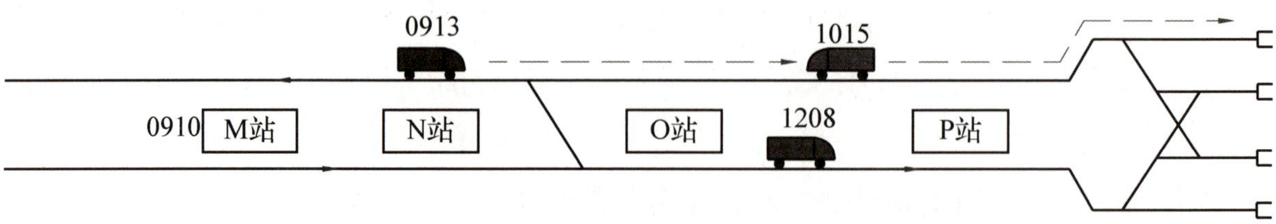

图 5-9　0913 次列车因救援需要而反方向运行

列车反方向运行存在不安全因素，故需按规定的程序进行审批。专运列车反方向运行必须得到公司主管领导的准许后才以行车调度员的调度命令下达执行，客运列车反方向运行必须得到值班调度主任的准许后才以行车调度员的调度命令下达执行。行车调度员应对反方向运行的列车重点监控，确保行车安全。

列车反方向运行的注意事项：

1）在没有 ATP 保护的情况下，除降级运营时组织单线双方向运行或开行救援列车外，载客客车原则上不能反方向运行。

2）在 ATP 正常使用的情况下，

①电客车反方向运行时，在各站不能通过，自动停车，没有跳停功能，停站时分由驾驶员掌握。

②电客车反方向运行时，需人工在 MMI（LOW）上排列进路，列车根据 ATP 允许的速度以 ATO 或 SM 模式运行。

3）ATP 轨旁设备故障时，行车调度员通知列车驾驶员以 RM 模式运行。

4）工程车需在明确行车计划和进路准备好的情况下方可反方向运行。

5）在设有站台门的车站，要组织客车反方向运行时，行车调度员需通知站台门操作员到后端操作 PSL 开 / 关站台门；必要时，行车调度员提前通知有关车站派站务人员去操作 PSL 开 / 关站台门。

二、列车单线双向运行

单线双向运行是城市轨道交通行车组织中的一种有效调度调整措施。在一条固定的线路上同一时间内只准许有一趟列车往返运营的行车方式称为单线双向运行。这类列车的运行交路类似于拉风箱的动作，因此也被形象地称为“拉风箱”运行。

当信号系统或接触网等设备发生故障而不能正常使用时，单线双向运行便成为一种非常必要的调度调整措施。如图 5-10 所示，当列车因接触网失电停在 D 站—E 站区段时，行车调度员命令在 A 站—E 站间采用单线双向运行，P 站—F 站间采用小交路运行；届时，在非常困难的条件下还是维持了失电区段的降级运营。

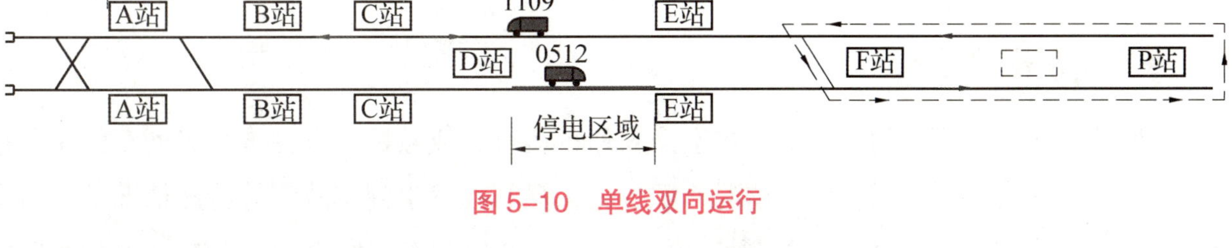

图 5-10　单线双向运行

在单线双向运行的过程中，需要车站值班员、列车驾驶员和行车调度员的通力配合以做好乘客服务和行车安全工作，确保降级运营的顺利进行。

三、列车退行

列车退行是指列车在原来的运行线路上与原来的运行方向（正常的运行方向）相反的运行方式。列车驾驶员必须得到行车调度员的准许后才可退行。当发生线路故障、障碍物侵入机车车辆限界或车站火灾等严重影响行车安全的突发事件（或因各种原因导致列车长时间不能进站）时，行车调度员可以命令列车退行回到始发站。如图 5-11 所示，当 1111 次列车因接触网失电而停在 D 站，1307 次列车在 C 站停车，此时 1105 次列车已正常行驶进入 B 站—C 站下行区间，如果停电故障在短时间内难以修复，这将导致 1105 次列车在较长时间内停留在区间；为了避免在区间清客带来的各种问题，行车调度员通常会命令 1105 次列车退回 B 站。

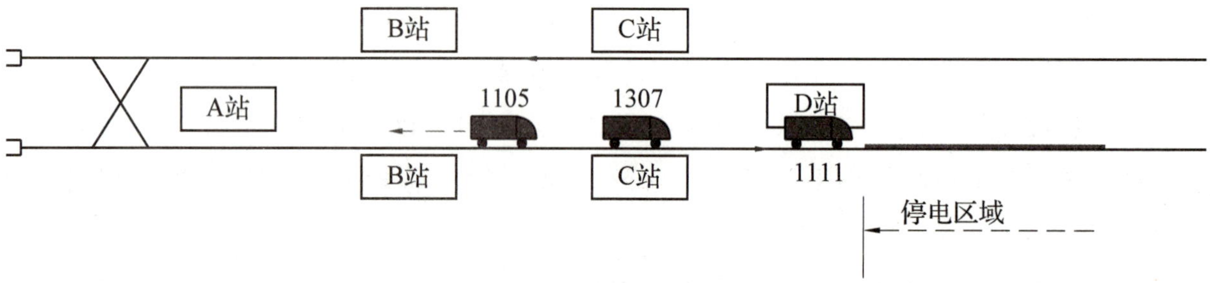

图 5-11 列车退行

列车需要退行时，列车驾驶员必须及时向行车调度员报告，在得到行车调度员的准许后才可退行。列车退行过程中，行车调度员应及时通知相关车站；列车退行进入车站时，车站接车人员应在进站的站台端处显示引导信号（昼间为展开的黄色信号旗高举头上左右摇晃，夜间为黄色灯光高举头上左右摇晃），列车在进站的站台端外必须一度停车，确认引导信号正确后方可进站。退行的列车进入车站后，列车驾驶员应及时向行车调度员报告，再根据行车调度员的命令进行处理。

特别注意：列车退行时，列车驾驶员一般会换端后反方向牵引列车回到始发站；如果后端推进列车运行回到始发站，则列车在运行过程中难以确认引导信号，届时列车前端应有人引导，车站应做好站台的安全防护工作。

四、列车推进运行

列车推进运行是指在列车尾部驾驶室操纵列车运行，或救援列车在被救援列车的尾部推进运行。列车推进运行在运营中的情况非常少见，只有在发生列车故障等特殊情况下，行车调度员才会准许列车推进运行。如图 5-12 所示，1208 次列车运行至 O 站—P 站上行区间时突发故障，列车驾驶员从前端换至后端后能够动车，为了避免开行救援列车施行救援任务，行车调度员可命令列车驾驶员在后端推进列车运行至 P 站的辅助线后退出运营。

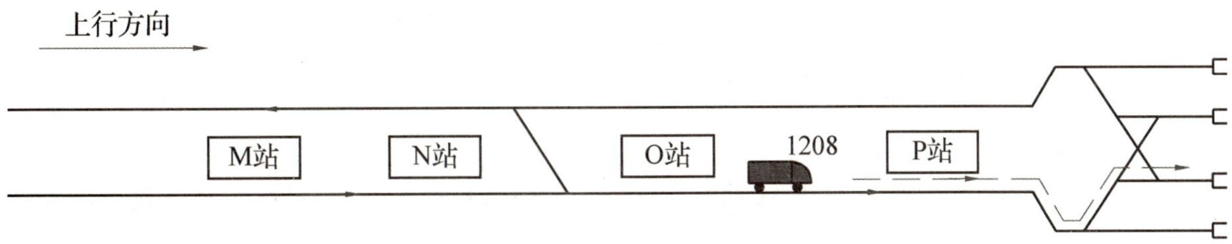

图 5-12 列车推进运行

客车推进运行的相关规定：

1）客车推进运行，必须得到行车调度员的调度命令，应有引导员在客车头部引导。

2）因天气影响，难以辨认信号时，禁止列车推进运行。

3）在 30‰及以上的下坡道推进运行时，禁止在该坡道上停车作业，并注意列车的运行安全。

五、列车在站通过

在行车工作中，如因车辆、设备故障、事故及客流突变等原因造成列车运行晚点（或特殊原因的需要）时，准许客运列车在站通过（简称“通过”）。采用列车在站通过时，行车调度员应及时通知列车驾驶员和相关车站做好客运服务工作。考虑到客运服务质量，下列情况不准许列车在站通过：

1）不影响后续列车正点运行或折返后能够正点始发的晚点列车，原则上不得通过。

2）末班车、乘客无返乘条件或无换乘条件的列车，不得通过。

3）不准三列及其以上客运列车在同一车站连续通过。

4）始发站不准两列及其以上客运列车连续放空。

六、运营秩序紊乱时的行车组织

1）当发生设备故障或突发事件而造成运营秩序紊乱时，行车调度员应尽快查找原因并报告值班调度主任。

2）当列车延误 3 min 以上时，应通知沿途各站；如在下一个往返依旧不能恢复正点，可利用备用列车在始发站正点开行的方式来调整列车运行。

3）当同一方向的多个列车发生运营秩序紊乱时，除按上述方式办理外，还可考虑个别列车到折返线退出服务或中途折返或在始发站调整列车识别号以恢复按图运行。

4）若因信号机、轨道电路故障而不能开放信号时，在不影响行车安全的情况下可不采用非正常行车办法组织行车，在进路准备正确后凭行车调度员的命令行车。

思考与练习

一、填空题

1. 专运列车反方向运行必须得到__________的准许后才以行车调度员的调度命令下达执行。

2. 客运列车反方向运行必须得到__________的准许后才以行车调度员的调度命令下达执行。

3. 在没有ATP保护的情况下，除降级运营时组织单线双方向运行或开行救援列车外，载客客车原则上不能__________。

4. 电客车反方向运行时，在各站不能通过，自动停车，没有__________功能，停站时分由驾驶员掌握。

5. 在一条固定的线路上同一时间内只准许有一趟列车往返运营的行车方式称为__________。

二、单项选择题

1. 在（　　）及以上的下坡道推进运行时，禁止在该坡道上停车作业，并注意列车的运行安全。

A. 10‰　　B. 20‰　　C. 30‰　　D. 40‰

2. 不准（　　）及其以上客运列车在同一车站连续通过。

A. 2 列　　B. 3 列　　C. 4 列　　D. 5 列

3. 始发站不准（　　）及其以上客运列车连续放空。

A. 2 列　　B. 3 列　　C. 4 列　　D. 5 列

4. 当列车延误（　　）以上时，应通知沿途各站。

A. 2 min　　B. 3 min　　C. 4 min　　D. 5 min

三、判断题

1. 列车驾驶员必须得到行车调度员的准许后方可退行。（　　）

2. 末班车、乘客无返乘条件或无换乘条件的列车，不得通过。（　　）

3. 列车需要退行时，列车驾驶员无需向行车调度员报告。（　　）

4. 退行列车在进站的站台端外不必停车可直接进站。（　　）

5. 退行的列车进入车站后，列车驾驶员应及时向行车调度员报告。（　　）

模块六 6

调车作业组织

模块描述

城市轨道交通车辆段是城市轨道交通运营生产中不可或缺的机构组织，担负着城市轨道交通车列的停放、到发、清洗、保养以及定期检查、定修和架修的各级修理工作。调车工作的作用及基本要求分别是什么？调车作业的基本方法有哪些？调车作业手信号的显示内容有哪些？车辆段内如何开展调车作业组织工作？

本模块将从调车作业概述及车辆段调车作业组织两个方面进行介绍。

学习目标

1. 知识目标

1）了解调车工作的作用及基本要求。

2）熟悉调车作业的基本方法。

3）掌握调车作业手信号的显示内容。

4）熟悉车辆段内的调车作业组织工作。

2. 能力目标

1）能描述调车工作的作用及基本要求。

2）能使用调车作业的基本方法。

3）能掌握调车作业手信号的显示内容且能正确显示不同情况下的手信号。

4）能掌握车辆段内的调车作业组织方法且能正确编制调车作业计划。

3. 素质目标

1）认识到车辆段内的调车工作在城市轨道交通日常运营工作中的意义。

2）树立严谨的调车作业作风，养成规范的调车工作习惯，确保城市轨道交通列车能够按照列车运行图正点出发，充分发挥城市轨道交通的服务效能。

课题一 调车作业概述

课题目标

1. 了解调车工作的作用及基本要求。
2. 熟悉调车工作的分类。
3. 掌握调车钩和调车程。
4. 熟悉调车作业的基本方法。
5. 掌握调车作业速度的规定。

一、调车工作的作用及基本要求

1. 调车工作的作用

调车工作是城市轨道交通日常运营工作的组成部分，也是折返站或车辆段（停车场）行车工作的一项重要内容。城市轨道交通列车能否按列车运行图正点出发、到达及运行，线路通过能力能否充分发挥，在很大程度上取决于能否合理、高效地组织调车工作。调车工作的主要作用如下：

1）及时、正确地进行调车作业，保证列车按运行图规定的时刻发出列车，并按运行图的要求来使用列车。

2）及时取送需要检修的车辆，保证检修车辆按时到位。

3）保证车辆段（停车场）设备安全、调车作业过程安全和相关作业人员的人身安全。

4）确保其他物资运输的正常运行秩序。

2. 调车工作的基本要求

为了实现上述作用，调车工作必须遵守《行车组织规则》和《车辆段行车工作细则》中的有关调车作业规定，并满足以下基本要求：

1）调车作业必须按照调车作业计划以及调车信号机或调车信号的显示要求进行，没有信号时不准动车，信号不清时应立即停车。

2）特殊情况使用无线对讲机联络进行调车作业时，驾驶员与调车人员必须保持联络畅通，联络中断时应及时采取停车措施，停止调车作业。

3）进行调车作业时，调车人员必须正确及时地显示信号，驾驶员要认真确认信号并鸣笛回示。

二、调车工作的分类

城市轨道交通的调车作业通常是在折返站和车辆段（停车场）范围内进行，调车作业的动力来自动车或内燃机车等。调车作业根据目的的不同，可分为折返调车、转线调车、解体调车、编组调车、摘挂调车和取送调车等。

1. 折返调车

折返调车是列车利用折返站的站内正线、折返线或渡线等线路进行的调车作业，其他类型的调车通常是车列利用车辆段（停车场）的调车线、检修线或洗车线等线路进行调车。

2. 转线调车

转线调车是指将车列从某一条线路转移到另一条线路的作业过程。

3. 解体调车

解体调车是指通过分解、移动的方法将一列车分开的过程，一般在列车检修作业前进行。

4. 编组调车

编组调车是指将单个的车辆或车组通过移动、连挂的方式组成一个车列的过程，一般在检修作业后进行。

5. 摘挂调车

摘挂调车是列车进行补轴、减轴、换挂车组或车辆甩挂等作业的过程。

6. 取送调车

取送调车是指从与其他线路接驳的连接线上将车列调回本单位停车线（或将车列送到与其他线路接驳的连接线上）的作业过程，一般是在城市轨道交通企业从铁路企业接收新的城市轨道交通车辆或将城市轨道交通车辆送厂以便大修时进行。

三、调车钩和调车程

任何一种调车作业的过程都是由若干调车钩和调车程组成，调车钩和调车程是构成调车作业过程的两个基本要素。

调车钩是指调车机车完成一次摘车或挂车等作业的行程，它是衡量调车工作量的基本单位。

调车程是指车辆或机车在一个特定的轨道系统中进行调车时的一次加、减速过程所行驶的距离。调车程是计算调车作业时间的最小单位。由于城市轨道交通的调车作业通常是短距离调车，其调车程主要有以下三种：

1）加速—制动型，即车辆被加速到一定速度后制动停车，如图 6–1（a）所示。

2）加速—惰行型，即车辆被加速到一定速度后独自滑行直至停车，如图 6–1（b）所示。

3）加速—惰行—制动型，即车辆被加速到一定速度后，独自滑行一段距离后再制动停车，如图 6–1（c）所示。

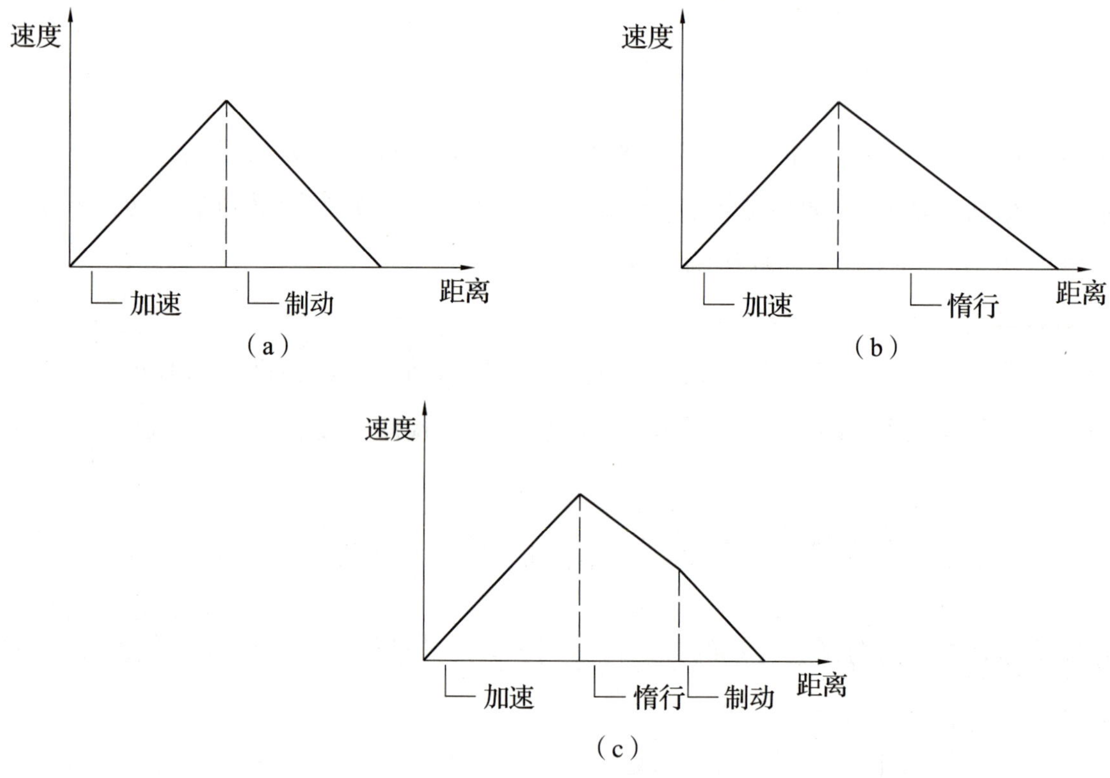

图 6–1　调车程类型

四、调车作业的基本方法

常用的调车作业方法有推送调车法和溜放调车法两种。

1. 推送调车法

将车辆由某一股道调移到另一股道，在调动过程中不进行摘解车辆的调车作业方法称为推送调车法。

2. 溜放调车法

使用机车推送车列达到一定的速度后，在行进中提钩并制动机车，使得摘离的车组利用获得的动能溜向指定地点的调车作业方法称为溜放调车法。

城市轨道交通列车和车辆的调移通常采用推送调车法。与溜放调车法相比，推送调车法需要的时间较长，但它却比溜放调车法更加安全。如图 6-2 所示为采用推送调车法进行调车作业的过程，调车机将 3 辆车从一条线路牵出后送到另两条线路上，该项作业分为：①调车机牵出待解车列，②推送至目标股道后摘解第一车组并返回到牵出线，③再次推送至目标股道后摘解第二车组并返回到牵出线。

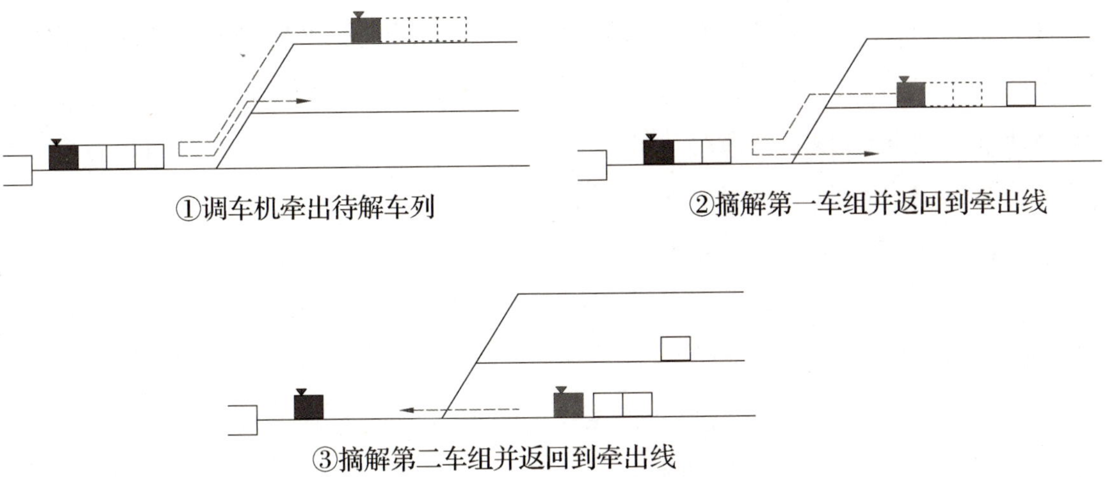
①调车机牵出待解车列
②摘解第一车组并返回到牵出线
③摘解第二车组并返回到牵出线

图 6-2　推送调车法作业过程

五、调车作业速度的规定

在进行调车作业时，应根据调车作业的种类及要求，准确掌握调车作业速度。在瞭望条件困难或气候条件不良时，应适当降低调车作业速度。调动载客车辆或接近被连挂车辆时，调车速度应符合相关规定。但不同城市轨道交通运营企业对调车速度的规定不尽相同，由于调车作业量不大，一般调车作业速度的要求都比较低，表 6-1 显示了我国某城市轨道交通运营企业关于调车作业的允许速度。

表 6-1　我国某城市轨道交通运营企业关于调车作业的允许速度

调车作业项目	允许速度 / ($km \cdot h^{-1}$)	调车作业项目	允许速度 / ($km \cdot h^{-1}$)
列车折返	30	车库及检修线调车	5
车辆段空线牵引	20	接近被连挂车辆三、二、一车时	8、5、3
调动载客车辆	15	尽头线调车	3

在尽头线调车时，应保证距离线路终端有一定的安全距离，以防调车速度掌握不当而出现被调动的车辆与车挡发生冲突。特殊情况下，必须进入安全距离内进行调车作业时，调车指挥人应通知调车机驾驶员严格控制调车速度，确保安全。

思考与练习

一、填空题

1. 调车工作必须遵守《行车组织规则》和__________中的有关调车作业规定。

2. 进行调车作业时，调车人员必须正确及时地显示信号，驾驶员要认真确认信号并__________。

3. 城市轨道交通的调车作业通常是在折返站和车辆段（停车场）范围内进行，调车作业的动力来自动车或__________等。

4. 常用的调车作业方法有推送调车法和__________调车法两种。

5. 调车钩和__________是构成调车作业过程的两个基本要素。

二、单项选择题

1.（　　）是列车利用折返站的站内正线、折返线或渡线等线路进行的调车作业。

A. 转线调车　　B. 折返调车　　C. 解体调车　　D. 编组调车

2.（　　）是指将车列从某一条线路转移到另一条线路的作业过程。

A. 转线调车　　B. 折返调车　　C. 解体调车　　D. 编组调车

3.（　　）是指通过分解、移动的方法将一列车分开的过程，一般在列车检修作业前进行。

A. 转线调车　　B. 折返调车　　C. 解体调车　　D. 编组调车

4.（　　）是列车进行补轴、减轴、换挂车组或车辆甩挂等作业的过程。

A. 转线调车　　B. 折返调车　　C. 解体调车　　D. 摘挂调车

5.（　　）是指从与其他线路接驳的连接线上将车列调回本单位停车线（或将车列送到与其他线路接驳的连接线上）的作业过程。

A. 转线调车　　B. 取送调车　　C. 解体调车　　D. 摘挂调车

三、判断题

1. 调车程是指调车机车完成一次摘车或挂车等作业的行程，它是衡量调车工作量的基本单位。（　　）

2. 调车钩是指车辆或机车在一个特定的轨道系统中进行调车时的一次加、减速过程所行驶的距离。（　　）

3. 调车程是计算调车作业时间的最小单位。 (　　)

4. 城市轨道交通列车和车辆的调移通常采用溜放调车法。 (　　)

课题二　车辆段调车作业组织

课题目标

1. 了解调车作业指挥系统。
2. 掌握调车作业手信号的显示。
3. 熟悉车辆段内的调车作业组织。
4. 掌握调车作业计划。

一、调车作业指挥系统

1. 调车作业指挥层级

调车作业是一项多工种联合进行的复杂作业，为了安全、准确、迅速、协调地进行工作，高质量地完成调车任务，必须执行统一领导和单一指挥的原则，建立科学的调车作业指挥层级，如图 6–3 所示。

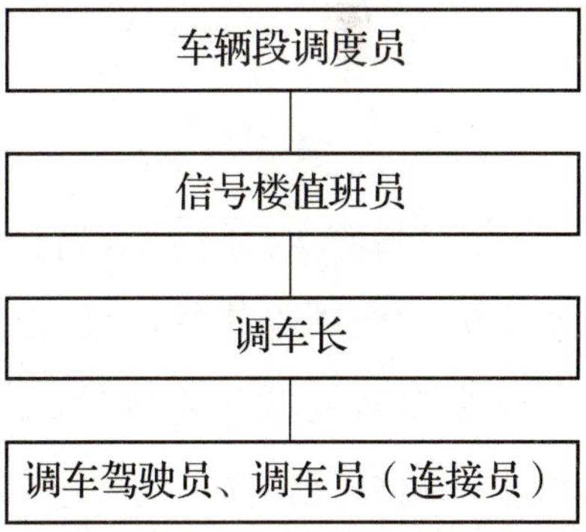

图 6–3　调车作业指挥层级

调车作业通常由调车组的调车长担任调车指挥人（列车在折返站进行的调车作业除外）。在无调车组情况下进行手信号调车时，可由值班站长或行车值班员指定在业务知识和指挥技能方面能够胜任的人员负责调车作业指挥。调车指挥人在进行调车作业前，应将调车作业计划和注意事项向调车机驾驶员及有关作业人员传达清楚，亲自督促和带领调车人员共同做好准备工作。在调车作业中，正确、及时地显示信号，指挥调车作业行动，组织调车人员按计划完成调车任务。

在调车作业中，为了明确调车指挥人和调车机驾驶员的职责，根据作业中所处的方位点和所具备的瞭望条件，规定：在牵引车辆运行时，前方进路的确认任务由调车机驾驶员负责；在推进车辆运行时，前方进路的确认任务由调车指挥人负责。如调车指挥人所处位置在确认前方进路确有困难时，可指派参加调车作业的其他人员进行确认。

2. 调车工作的指挥原则

在进行调车作业过程中，必须秉承统一领导和单一指挥的原则。

（1）统一领导

统一领导是指在某一车辆段或车站内，在同一时间内只能由车辆段调度员或行车值班员统一领导该区域的调车工作。

（2）单一指挥

单一指挥是指在同一时间内一台机车或一组车列的调车作业计划的执行、作业方法的拟定和布置及机车或车列的运行只能由一人负责指挥。

3. 内燃机车调动电客车体时的岗位划分

调车组（包括工程车驾驶员）共有 4 人，调车指挥人为调车员，1 人为领车连接员（由工程车驾驶员或胜任人员担当），1 名连接员（由电客车体驾驶员或胜任人员担当）在中部中转信号，调车员站在靠近工程车驾驶员一端，直接向工程车驾驶员显示信号，工程车驾驶员根据调车员的显示信号操纵工程车。调车组各成员所在位置（不区分牵引运行及推进运行）如图 6–4 所示。

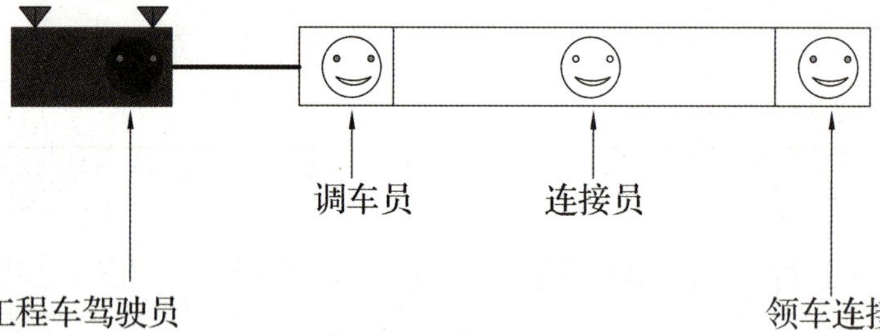

图 6–4　内燃机车调动电客车体时的调车组人员位置示意图

领车连接员负责检查线路的状态（包括是否有其他设备侵入限界）、车辆的防溜措施（铁鞋的取放）、车钩及风管的连接和摘解，及时向调车员发出正确的指令（包括显示信号）。连接员的作用是将领车连接员的信号中转给调车员（防止因距离过远或通过弯道等因素使调车员难以看清领车连接员的信号而出现安全隐患；显示信号时：昼间作业采用手信号，夜间作业采用灯光信号）。

二、调车作业手信号的显示

1. 调车作业手信号的显示类型

手信号是行车有关人员在作业中进行指挥、联系等工作时所采用的视觉信号。正确使用调车手信号，对保证调车作业安全、提高调车作业效率有着重要作用。行车有关人员显示手信号时，必须严肃认真、正确及时、横平竖直、灯正圈圆、角度准确、段落清晰。

调车作业必须按照调车信号机或调车手信号的显示要求进行。没有信号时，调车机驾驶员不准动车进行调车作业。在作业中，调车机驾驶员要时刻注意确认信号，不间断地进行瞭望，认真执行口呼应答制度，按信号的显示要求进行作业；在遇信号显示不清时，调车机驾驶员应立即停止调车，严禁臆测作业。

手信号可分为徒手信号、信号旗（光线条件良好的情况下使用，如昼间）和信号灯（光线条件不好的情况下使用，如夜间）三种。在昼间遇到降雾等能见度较差的情况时也可使用夜间信号，地下车站的调车作业按夜间办理。

常见的调车作业手信号包括停车手信号（如图 6–5 所示），紧急停车手信号（如图 6–6 所示），减速信号，指挥机车或车辆向显示人方向移动信号，指挥机车或车辆向显示人反方向移动信号，三、二、一车距离信号，停留车位置信号和连挂作业信号等。

图 6–5　停车手信号（彩图见附录二）

图 6–6　紧急停车手信号（彩图见附录二）

2. 显示三、二、一车距离信号的作用

在调车作业中调车机带车推进连挂其他车辆时，由于调车机驾驶员难以观察即将被连挂的停留车位置，无法正确地掌握推进速度，此时调车指挥人应根据停留车的位置距离（三车约 60 m，二车约 40 m，一车约 20 m），向调车机驾驶员显示三、二、一车的距离信号。调车机驾驶员应注意确认三、二、一车距离信号，并鸣笛回示，然后按信号显示的要求严格控制速度进行挂车作业，能够避免因调车速度过快造成撞坏车钩等事故。没有三、二、一车距离信号时，调车机驾驶员不准挂车。调车机驾驶员没有鸣笛回示时，调车指挥人应立即显示停车信号，车辆未停稳则不可收回停车信号。车辆连挂前要一度停车，车辆连挂后应先试拉，确认连挂妥当后，方可起动。

国内多数城市轨道交通运营企业采用的调车手信号种类和显示方式如表 6–2 所示。

表 6–2　调车手信号种类和显示方式

序号	调车手信号类别	显示方式	
		昼间（光线条件良好）	夜间（光线条件不良）
1	停车信号	展开的红色信号旗（无红色信号旗时，两臂高举头上，向两侧急剧摇动）	红色灯光（无红色灯光时，用白色灯光上下急剧摇动）
2	减速信号	展开的绿色信号旗下压数次	绿色灯光下压数次
3	指挥机车向显示人方向来的信号	展开的绿色信号旗在下方左右摇动	绿色灯光在下方左右摇动
4	指挥机车向显示人反方向去的信号	展开的绿色信号旗上下摇动	绿色灯光上下摇动
5	指挥机车向显示人方向稍行移动的信号（包括连挂）	左手拢起红色信号旗直立平举，右手展开的绿色信号旗在下方左右小摆动	绿色灯光下压数次后，再左右小动
6	指挥机车向显示人反方向稍行移动的信号（包括连挂）	左手拢起红色信号旗直立平举，右手展开的绿色信号旗在下方上下小动	绿色灯光平举上下小动
7	三、二、一车距离信号	右手展开的绿色信号旗下压三、二、一次	绿色灯光平举下压三、二、一次
8	连挂作业信号	两臂高举头上，拢起的手信号旗杆成水平末端相接	红、绿色灯光（无绿色灯光时用白色灯光代替）交互显示数次
9	道岔开通信号	拢起的黄色信号旗高举头上左右摇动	绿色灯光高举头上左右摇动

城市轨道交通运营企业有关人员在日常工作中遇紧急情况却没携带信号旗或信号灯时，可用徒手信号显示，常采用的徒手信号及显示方式如表 6-3 所示。

表 6-3 常采用的徒手信号及显示方式

序号	徒手信号类别	显示方式
1	紧急停车信号（含停车信号）	两手臂高举头上，向两侧急剧摇动
2	三、二、一车信号	单臂平伸后，小臂竖直向外压直，反复三次为三车、两次为二车、一次为一车
3	连挂信号	紧握两拳头高举头上，拳心向里，两拳相碰数次
4	试拉信号	结合本表第 5 或第 6 项，列车刚起动便立刻给停车信号
5	向显示人方向稍行移动	左手高举直伸，右手平伸小臂前后摇动
6	向显示人反方向稍行移动	左手高举直伸，右手向下斜伸，小臂上下摇动
7	“好了”信号	单臂向列车运行方向上弧圈做圆形转动

三、车辆段内的调车作业组织

城市轨道交通调车作业主要在车辆段内进行，在正线上只当列车在折返作业或列车救援时才会有少量的调车作业。

车辆段调车作业的特点是作业量大且作业复杂，除折返调车外，其他各种类型的调车作业均有所涉及，主要是利用牵出线和检修线等线路进行调车作业。

车辆段的调度员是调车工作的领导人，负责组织车辆段的调车作业，编制调车作业计划。车辆段的调车员为调车作业指挥人，根据调车作业计划在现场指挥调车。车辆段信号楼值班员负责办理调车作业进路并监控调车作业的安全进行。

车辆段的调车作业步骤及作业要求如下：

1）调车领导人编制调车作业计划后，以书面形式下达给信号楼值班员和调车长。

2）信号楼值班员在办理调车进路前应做到三确认：确认调车线路空闲；确认不存在与调车作业有干扰的接发车和检修施工作业；确认调车组做好作业准备。

3）调车长必须在作业前将调车作业计划和有关注意事项向调车机驾驶员及其他调车作业人员传达清楚；“调车作业通知单”必须做到参加作业的人员人手一份。

4）信号楼值班员根据“调车作业通知单”及站场接发车时间与调车指挥人联系，确认具备调车作业条件后，方可开始作业。

5）调车工作必须按照调车信号机或调车手信号的显示要求进行；没有信号时，调车机驾驶员不准动车进行调车作业；在调车作业中，调车机驾驶员要时刻注意确认信号，不间断地进行瞭望，认真执行口呼应答制度，按信号显示要求进行作业；遇信号显示不清时，调车机驾驶员应立即停止调车，严禁臆测作业。

6）以调车机为动力取送电客车时，要求一名工程车驾驶员在电客车上配合对电客车进行打风、制动、缓解及连挂作业并在推进运行中负责前方线路的确认；动车前由电客车上的工程车驾驶员确认受电弓已落下，轨旁及车下无人员作业，方可联系调车机驾驶员动车。

7）在调车作业中，要严格执行调车速度的有关规定；调车机在车辆段内经平交道口及进库前应一度停车，连挂车辆按要求显示“三、二、一”车距离信号，接近被挂车辆的车钩不少于 10 m 处应一度停车，再以规定的速度连挂车辆。

8）一批调车作业（一张调车作业通知单）结束后，要及时报告车辆段调度员本次调车作业完毕，并将作业中有无异常情况发生一起反馈；一旦调车作业中发生事故，应立即停止调车作业、取消调车计划且立即报告车辆段调度员，由车辆段调度员负责通知相关人员进行处理。

四、调车作业计划

调车作业计划是参加调车作业的有关人员统一行动的依据，调车作业必须按调车作业计划进行。

调车作业计划由调车领导人编制，车辆段内调车领导人为车辆段调度员，正线调车领导人为行车调度员，调车作业计划必须以“调车作业通知单”的形式下达。

车辆段内的调车作业计划由车辆段调度员以书面形式向调车长下达，并指明具体的要求和注意事项，调车长于调车作业前将作业计划和注意事项向调车机驾驶员及调车员传达清楚。

在作业中须变更计划时，必须先停止作业。调车作业计划的变更不超过两钩时，由调车领导人将变更后的计划口头向有关人员传达清楚，有关人员必须复诵，确认无误后才能开始调车作业；调车作业计划的变更在三钩及以上时，须重新编制“调车作业通知单”后再执行。

编制调车作业计划时，为便于操作，一般使用专用符号来表示相关的作业名称。例如：

连挂用“+”表示，本线连续连挂用“++”表示，摘车用“–”表示，本线拉前摘车用“⊖”表示，顶车用“丁”表示，超限车用“超限”表示，关门车用“关门”表示，待命用“D”表示，交接班用“JJ”表示，整备用“ZB”表示。

调车作业符号用得比较多的有“+”“–”“丁”“D”，其他符号通常用得比较少。

调车任务通常由车辆维修部门提出，将调车任务单交由车辆段调度员，车辆段调度员负责编制“调车作业通知单”，由调车人员和信号楼值班员负责实施。

列举一个“调车作业通知单”的编写实例如下：

调车任务：使用 1 道内燃机 NR02 将 1 道接触网作业车 JCW1 拉至 1 道库门，使用内燃机车 NR02 将 5 道 A 段的客车 107 推送至 5 道 B 段，将 2 道平板车 N1（超限车）和平板车 N2（关门车）连挂一起并调至 3 道后到 6 道待命，车辆位置及调车线路如图 6–7 所示。

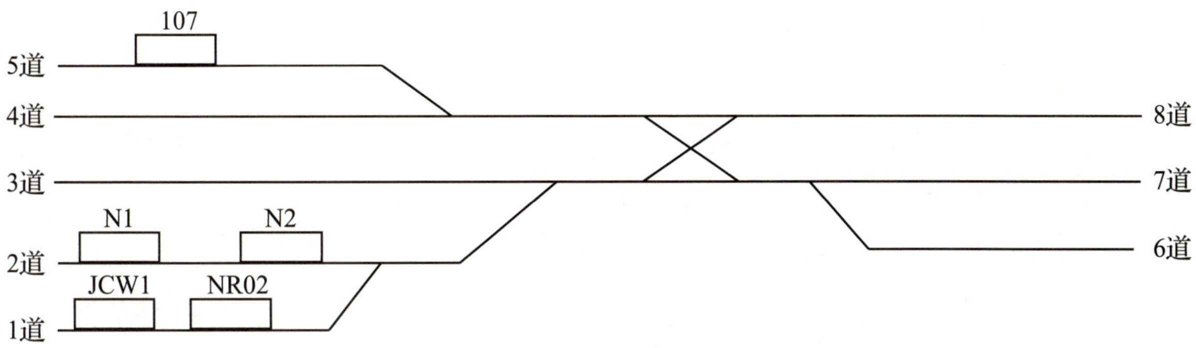

图 6–7　车辆位置及调车线路

根据上述作业任务，编制“调车作业通知单”如表 6–4 所示。

表 6–4　调车作业通知单

机车号码 NR02　　班组 三班　　第 1 号

作业时间	序号	股道 / 作业 / 车数	备注
14：30—15：40	1	1ZB	JCW1 107
	2	1+1	
	3	1　1	
	4	6	
	5	5A+1 丁	
	6	5B–1	超限、关门
	7	6	
	8	2+2	
	9	3–2	
	10	6D	

调车领导人：×××　12 月 26 日

注：调车作业单一式多联，须发给调车机驾驶员、调车长、调车员、信号楼值班员。

思考与练习

一、填空题

1. 调车作业通常由调车组的__________担任调车指挥人。
2. 在牵引车辆运行时，前方进路的确认任务由__________负责。
3. 在推进车辆运行时，前方进路的确认任务由__________负责。
4. 连接员的作用是将__________的信号中转给调车员。

5. 手信号可分为__________、信号旗和信号灯三种。

二、单项选择题

1. 在城市轨道交通车辆段（停车场）内进行调车作业的过程中，昼间显示方式为“展开的绿色信号旗下压数次”，其调车手信号类别是（　　）。

A. 减速信号　　B. 停车信号

C. 指挥机车向显示人方向来的信号　　D. 指挥机车向显示人反方向去的信号

2. 在城市轨道交通车辆段（停车场）内进行调车作业的过程中，夜间显示方式为“绿色灯光在下方左右摇动”，其调车手信号类别是（　　）。

A. 减速信号　　B. 停车信号

C. 指挥机车向显示人方向来的信号　　D. 指挥机车向显示人反方向去的信号

3. 在城市轨道交通车辆段（停车场）内进行调车作业的过程中，夜间显示方式为“绿色灯光上下摇动”，其调车手信号类别是（　　）。

A. 减速信号　　B. 停车信号

C. 指挥机车向显示人方向来的信号　　D. 指挥机车向显示人反方向去的信号

4. 在城市轨道交通车辆段（停车场）内进行调车作业的过程中，昼间显示方式为“左手拢起红色信号旗直立平举，右手展开的绿色信号旗在下方左右小摆动”，其调车手信号类别是（　　）。

A. 指挥机车向显示人方向稍行移动的信号（包括连挂）

B. 指挥机车向显示人反方向稍行移动的信号（包括连挂）

C. 连挂作业信号

D. 道岔开通信号

三、判断题

1. 车辆段的调度员是调车工作的领导人，负责组织车辆段的调车作业，编制调车作业计划。（　　）

2. 在作业中须变更计划时，必须先停止作业。（　　）

3. 调车作业计划中，连挂用“++”表示。（　　）

4. 调车作业计划中，本线连挂用“+”表示。（　　）

5. 调车作业计划中，摘车用“−”表示。（　　）

6. 调车作业计划中，顶车用“D”表示。（　　）

7. 调车作业计划中，交接班用“JB”表示。（　　）

8. 调车作业计划中，整备用“ZB”表示。（　　）

技能操作篇

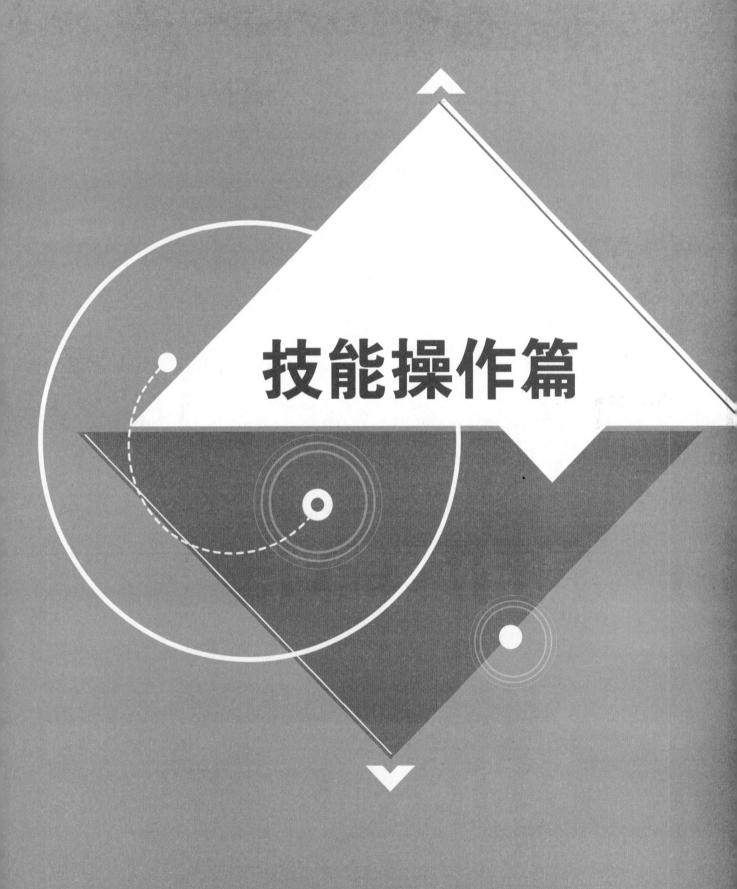

模块七 7

全日列车运行方案图编制

课题一　全日列车运行方案图（粗图）编制

课题背景

一、行车组织技术要求

1）大型作业以京州地铁一号线为背景给出一条模拟线路，线路全长 14.42 km；全线共设有 11 座车站，分别记为 A 站、B 站、……、K 站，列车由 A 站驶往 K 站方向为上行方向，反之为下行方向。

2）列车全部按长交路考虑，其周转时间为 $T_{周}$=56 min（包含各站的停站时间及起停附加时间）；假定各站的站间距均相同，且上、下行运行时分也相同（不考虑区间线路的坡度和曲线半径对列车运行的影响），列车在交路端点站的折返时间为 4 min。

3）车辆段位于 C 站，出段列车根据运营的需要可以直接进入 C 站的上、下行正线运营，运营的列车也可由 C 站的上、下行正线直接进入车辆段；C 站到 K 站以及 C 站到 A 站的列车运行时分需根据比例计算。

4）运营结束后，除 K 站有一列车按规定保留至第二天开行外，其余所有列车均需回到车辆段。

5）为安全起见，在每天运营的首班车开行之前均应开行检查列车（即轧道车），检查列车的运行速度限速 45 km/h（其单程运行时间为标准运行时间的 160% 计算），沿线不停站；检查列车可以使用正式的载客电客车的车体开行完所有的正线，之后可作为正式的载客电客车开行。

6）正式运营的首班车开行时间为 5 时 50 分，末班车开行的时间为 22 时 35 分；末班车必须驶完整个单程的所有车站，中途不得回车辆段。

7）列车的运行间隔应根据客流推定的间隔条件来完成，在绘制运行图时，列车间隔在大于或等于最小行车间隔时间的前提下可误差 ±2 min，每小时开行的列车总数可 ±1 列；折返站的折返时间在满足最小为 4 min 的前提下可适当延长。

8）首、末班车必须正点开行，运行图的均匀性是考核运营质量的一个重要指标。

9）早高峰结束后，A 站和 K 站各保留一列备用车；A 站的备用车作为末班车开行，C 站晚高峰开行的最后一列车开行至 K 站后接替之前的备用车；K 站之前的备用车上正线运营后，作为接替的列车一直保留至运行结束且于 K 站过夜，作为第二天早班车开行。

10）车次号（即服务号及序列号的组合）按京州地铁《行车组织细则》编码，标注在运行线始发车站的阳面上。

11）电动客车组的运行线须全部画成斜线且勾画出列车运行交路；进、出车辆段用箭头表示，如图 7-1 所示，其他标注办法及颜色要求可参见京州地铁列车运行图的图例。

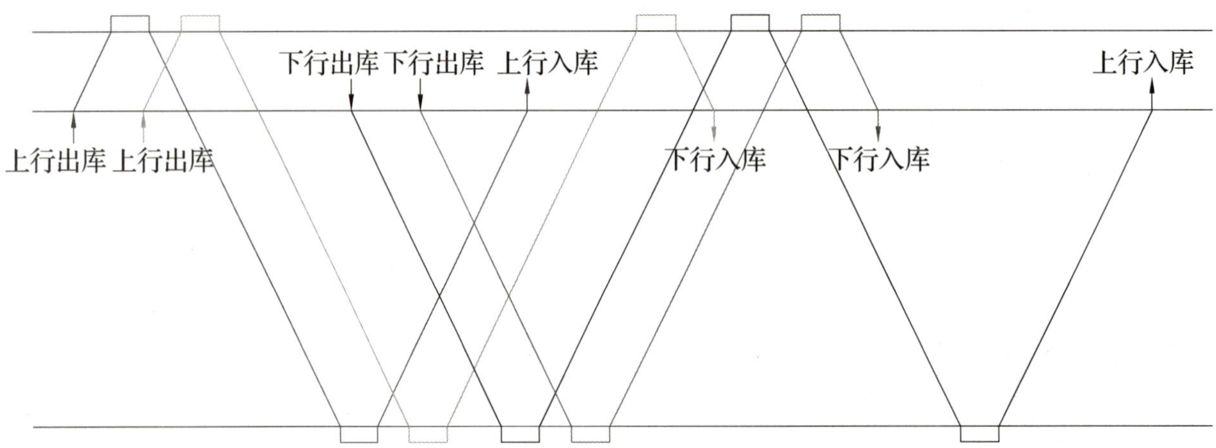

图 7-1　列车运行交路示意图

二、京州地铁一号线线路图（图 7-2）

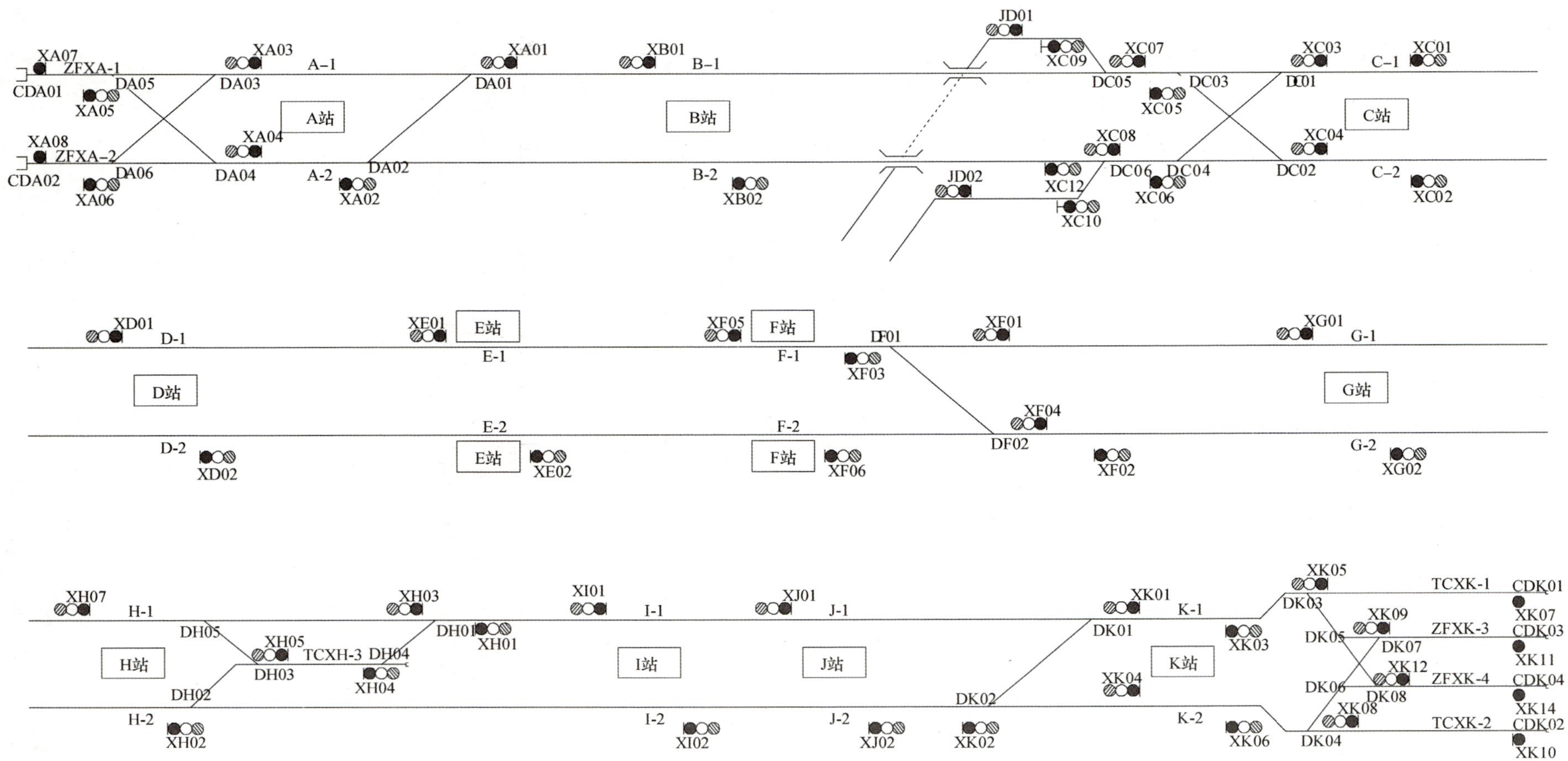

注意：①K站的两条折返线编号分别为ZFXK-3、ZFXK-4(ZFX为折返线的拼音首字母，K为K号站，4为所在线路编号)；②K站的两条停车线编号分别为TCXK-1、TCXK-2（TCX为停车线的拼音首字母，K为K号站，2为所在线路编号）；③A站的两条折返线编号分别为ZFXA-1、ZFXA-2；④C站为车辆基地衔接站，采用立交方式从两侧接入车辆基地；⑤B-1指B站的下行站台线路，D-2指D站的上行站台线路，其余类同。

图 7-2　京州地铁一号线线路图

三、京州地铁一号线客流量数据（表 7-1）

表 7-1　京州地铁一号线客流量数据

发 / 到	A 站	B 站	C 站	D 站	E 站	F 站	G 站	H 站	I 站	J 站	K 站
A 站		1053	1004	1080	2153	3180	4356	3301	3768	3832	3533
B 站	1034		1003	2003	1996	3245	4456	3544	3003	3322	3193
C 站	1096	1043		2396	3340	3336	5150	4446	4431	4005	5165
D 站	1087	2043	2402		3518	5206	7801	7245	7156	6303	7576
E 站	2179	2034	3345	3512		2364	6415	7243	7613	7095	7217
F 站	3175	3235	3331	5201	2328		4265	5256	6411	6353	7156
G 站	4412	4394	5167	7729	6422	4371		5133	9912	9379	9341
H 站	3215	3511	4433	7211	7211	5391	5154		5413	6418	7594
I 站	3765	3987	4437	7167	7578	6358	9823	5467		2403	4373
J 站	3812	3321	4971	6278	7155	6389	9743	6562	2052		1054
K 站	3521	3262	5137	7521	7167	7295	9723	7624	4432	1013	

四、全日行车计划情况

根据所给资料推算全日行车计划的原理及计算过程

1）京州地铁一号线规定：客流分布系数（详情如表 7-2 所示）≥ 0.8 时为高峰期，否则为非高峰期。

表 7-2　京州地铁一号线全日分时客流分布情况

客流分布系数		全日分时 最大断面客流量	全日分时 开行列车数	经调整后 开行列车数	行车间隔 /s
5：50—6：00	0.02				
6：00—7：00	0.45				
7：00—8：00	1.00				
8：00—9：00	0.73				
9：00—10：00	0.49				
10：00—11：00	0.52				
11：00—12：00	0.57				
12：00—13：00	0.52				

续表

客流分布系数		全日分时最大断面客流量	全日分时开行列车数	经调整后开行列车数	行车间隔 /s
13：00—14：00	0.55				
14：00—15：00	0.59				
15：00—16：00	0.65				
16：00—17：00	0.71				
17：00—18：00	0.92				
18：00—19：00	0.70				
19：00—20：00	0.35				
20：00—21：00	0.25				
21：00—22：00	0.21				
22：00—23：00	0.16				
23：00—24：00	0.02				

2）京州地铁一号线采用列车编组为 6 节的 B 型车，列车定员为 1 430 人，高峰期按 120% 计算列车载客人数；其他时间按 90% 计算列车载客人数。

3）为保证服务质量，京州地铁一号线规定：高峰期的行车间隔不得大于 5 min，若行车间隔大于 5 min，即此时段开行的列车数量小于 12 列时，调整为 12 列；非高峰期的行车间隔不得大于 10 min，若行车间隔大于 10 min，即此时段开行的列车数量小于 6 列时，调整为 6 列。

4）计算分时开行的列车数时，非高峰期的列车数量不得高于高峰期的列车数量。

5）列车出入库时应保持连续地增加或减少。

6）其他情况下，可视具体情况减少非必要的列车出库及入库过程。

站间到发客流量表中的各站上（下）车人数表的计算

课题实施

步骤一 根据所给资料完成各站上下车人数表（表 7–3）。

表 7–3 京州地铁一号线各站上下车人数表

上行上客数	下行上客数	车站名称	上行下客数	下行下客数
		A 站		
		B 站		

续表

上行上客数	下行上客数	车站名称	上行下客数	下行下客数
		C 站		
		D 站		
		E 站		
		F 站		
		G 站		
		H 站		
		I 站		
		J 站		
		K 站		

区间各断面的客流量表的计算

步骤二　据所给资料完成各区间断面客流量表（表 7–4）。

表 7–4　京州地铁一号线各区间断面的客流量表

下行方向	区间名称	上行方向
	A 站—B 站	
	B 站—C 站	
	C 站—D 站	
	D 站—E 站	
	E 站—F 站	
	F 站—G 站	
	G 站—H 站	
	H 站—I 站	
	I 站—J 站	
	J 站—K 站	

步骤三　据所给资料完成营业时间内每时段应开行的列车数表（如表 7–2 所示）。

步骤四　结合图 7–1，据步骤一至步骤三采用 AUTOCAD 绘制全日列车运行方案图（粗图）。

据所给资料采用 AutoCAD 绘制全日列车运行方案图（粗图）

1. 确定时刻点

1）确定轨道车开行的时刻点（图 7–3）。

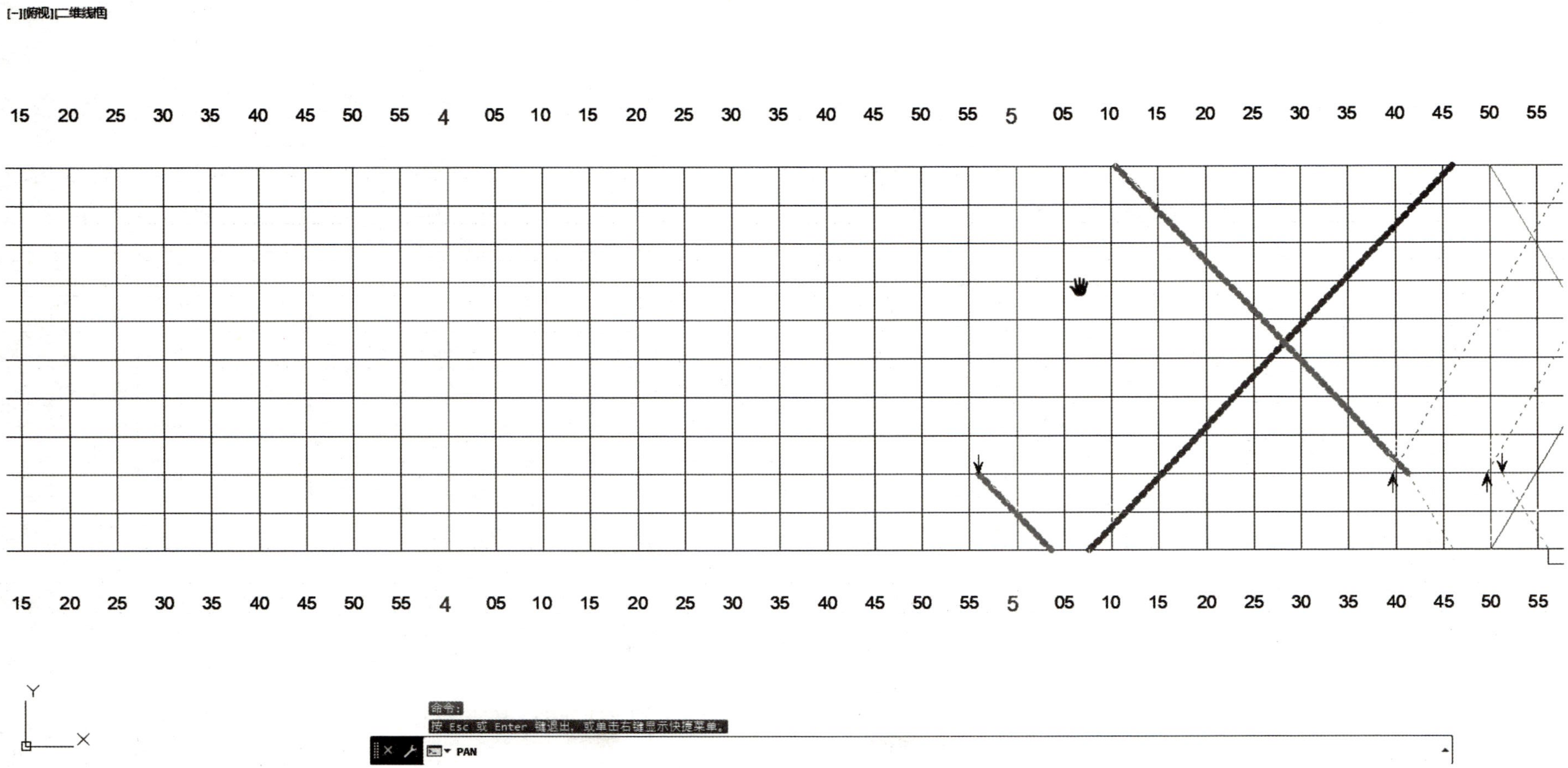

图 7–3　确定轨道车开行的时刻点

2）确定上行方向及下行方向首班车开行的时刻点（图 7–4）。

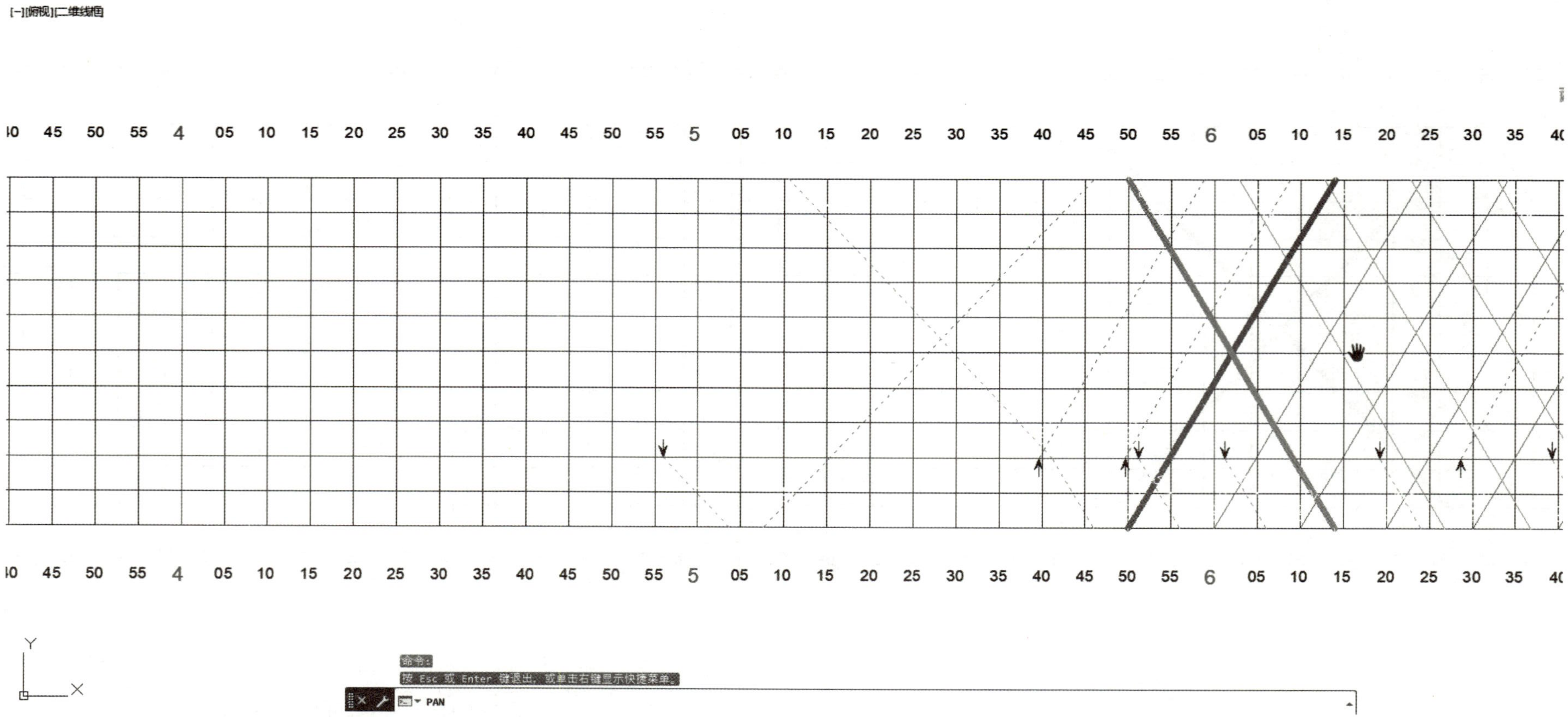

图 7–4　确定上行方向及下行方向首班车开行的时刻点

2. 确定各时段开行的列车数（表 7–5）

表 7–5　各时段开行的列车数

客流分布系数		全日分时 最大断面客流量	全日分时 开行列车数	经调整后 开行列车数	行列间隔/s
5：50—6：00	0.02	349.704 569 6	0.271 720 722		
6：00—7：00	0.45	7 868.352 816	6.113 716 252	6	600
7：00—8：00	1.00	17 485.228 48	10.189 527 09	12	300
8：00—9：00	0.73	12 764.216 79	9.917 806 364	9	400
9：00—10：00	0.49	8 567.761 955	6.657 157 696	6	600
10：00—11：00	0.52	9 092.318 81	7.064 738 78	7	514.285 714 3
11：00—12：00	0.57	9 966.580 234	7.744 040 586	7	514.285 714 3
12：00—13：00	0.52	9 092.318 81	7.064 738 78	7	514.285 714 3
13：00—14：00	0.55	9 616.875 664	7.472 319 863	7	514.285 714 3
14：00—15：00	0.59	10 316.284 8	8.015 761 308	8	450
15：00—16：00	0.65	11 365.398 51	8.830 923 475	8	450
16：00—17：00	0.71	12 414.512 22	9.646 085 642	9	400
17：00—18：00	0.92	16 086.410 2	9.374 364 92	12	300
18：00—19：00	0.70	12 239.659 94	9.510 225 281	9	400
19：00—20：00	0.35	6 119.829 968	4.755 112 64	6	600
20：00—21：00	0.25	4 371.307 12	3.396 509 029	6	600
21：00—22：00	0.21	3 671.897 981	2.853 067 584	6	600
22：00—23：00	0.16	2 797.636 557	2.173 765 778	6	600
23：00—24：00	0.02	349.704 569 6	0.271 720 722		

3. 确定各时段内每列车开行的时刻点（图 7–5）

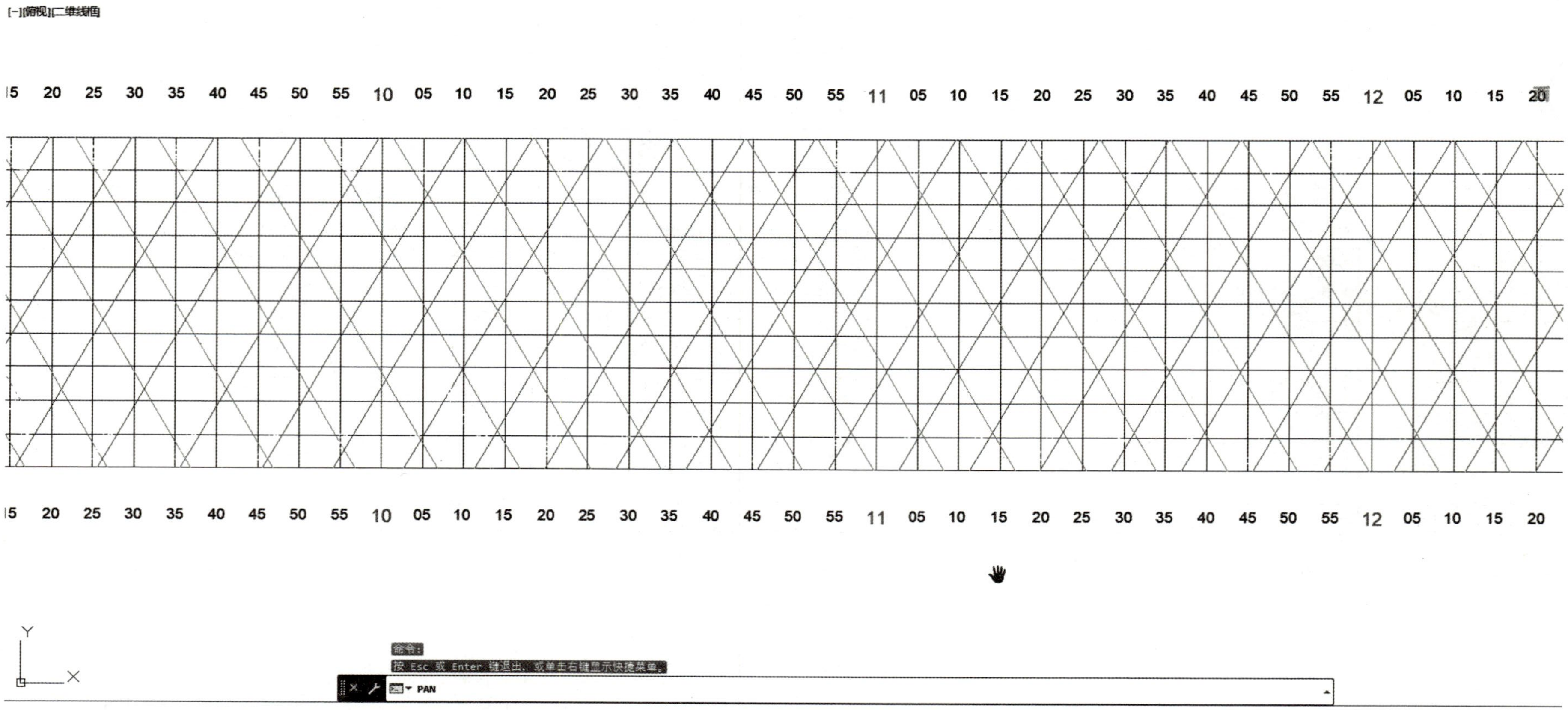

注意：在每个单独的时段内，相邻列车的行车间隔应保持均衡性。

图 7–5　确定各时段内每列车开行的时刻点

4. 确定运营时间内出段列车的数量及出段时刻（图 7-6）

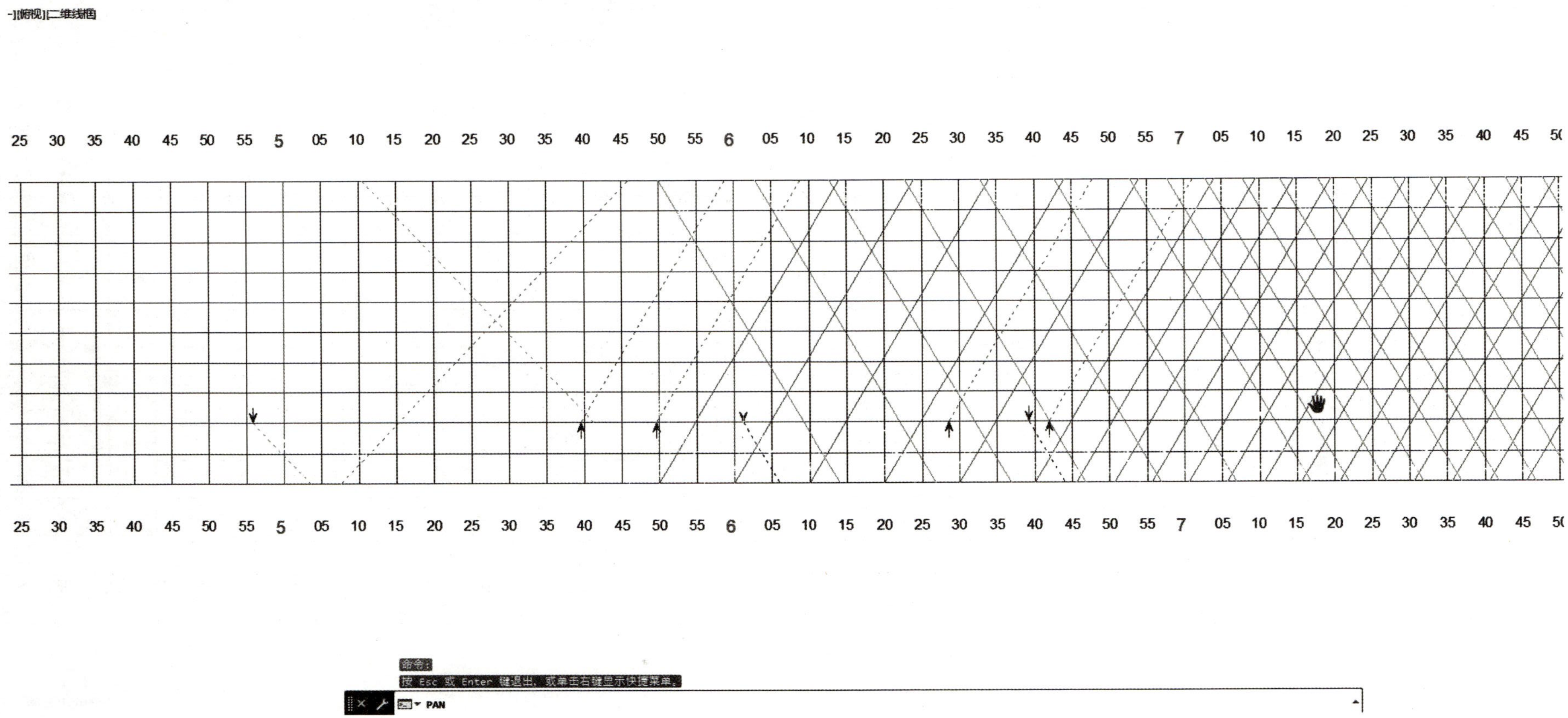

图 7-6 确定运营时间内出段列车的数量及出段时刻

5. 确定运营时间内入段列车的数量及入段时刻（图 7–7）

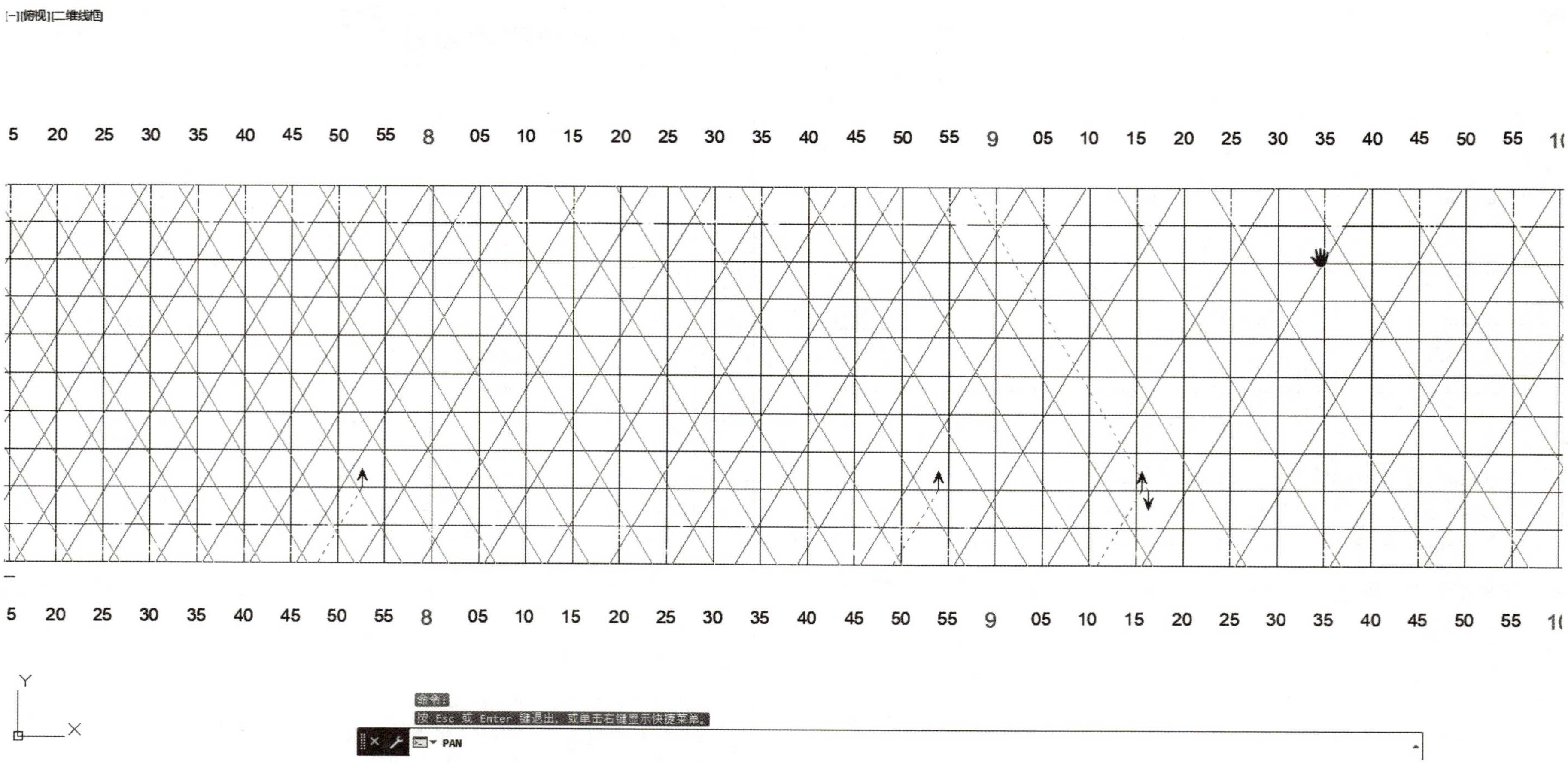

图 7–7 确定运营时间内入段列车的数量及入段时刻

6. 勾勒出各列车的折返线（图 7-8）

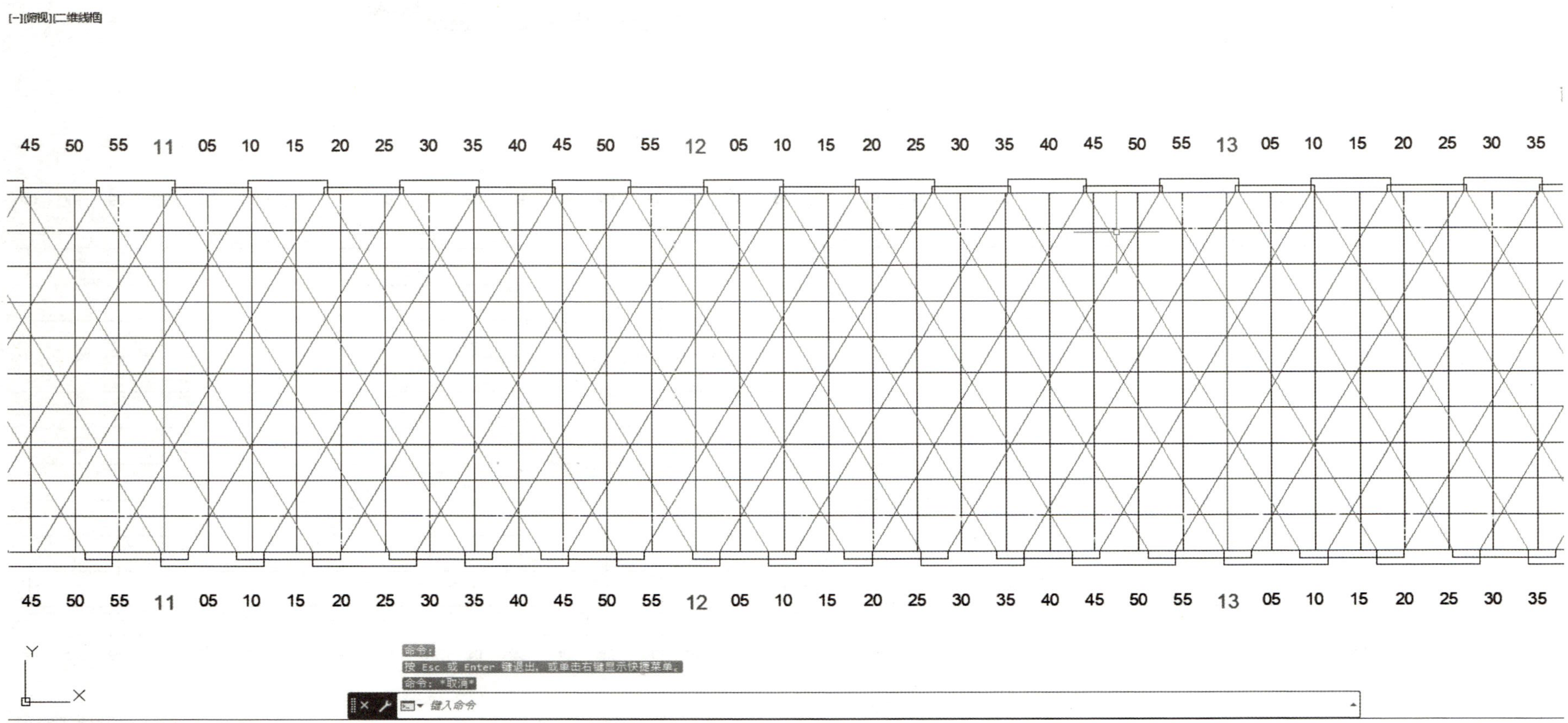

图 7-8　勾勒出各列车的折返线

7. 确定运营结束后列车入段的时刻（图 7–9）

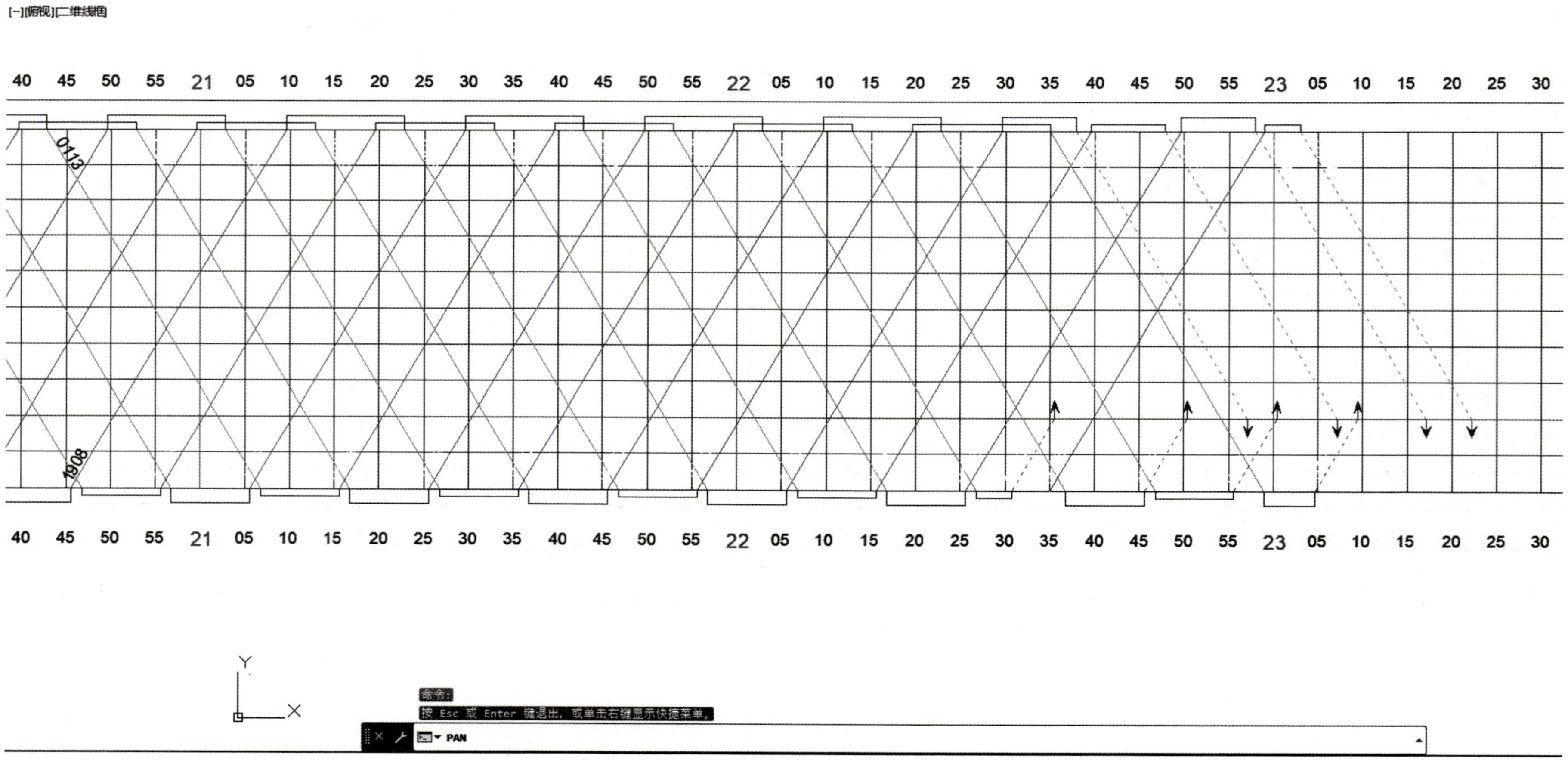

图 7–9　确定运营结束后列车入段的时刻

8. 标注各列车的车次号（图 7-10）

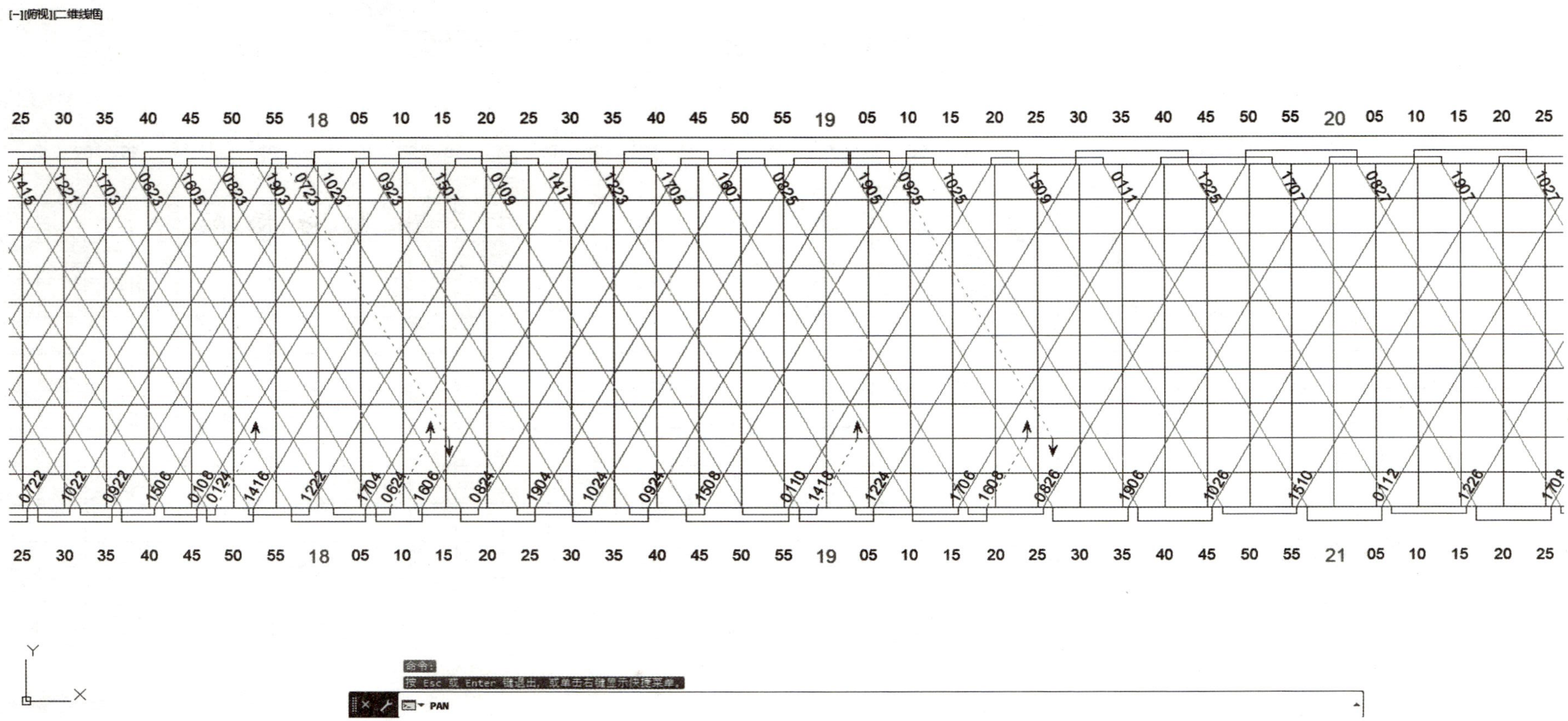

图 7-10　标注各列车的车次号

9. 复制各运行线、折返线、出入线及车次号至适当位置，完成全日列车运行方案图（粗图）编制（图 7-11）

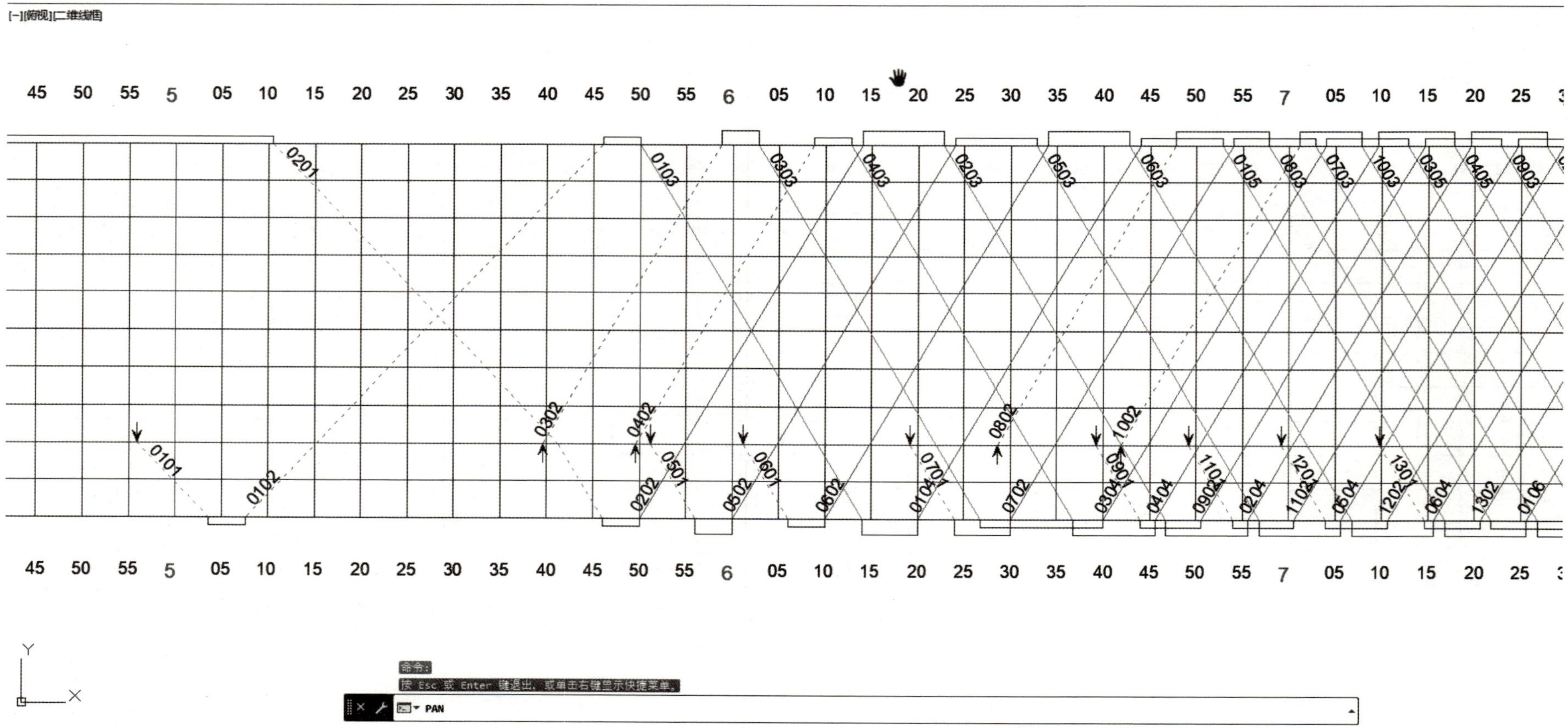

图 7-11　完成全日列车运行方案图（粗图）编制

课题二 全日列车运行方案图（精图）编制

课题背景

一、行车组织技术要求

1）大型作业以京州地铁一号线为背景给出一条模拟线路，线路全长 14.42 km；全线共设有 11 座车站，分别记为 A 站、B 站、……、K 站，列车由 A 站驶往 K 站方向为上行方向，反之为下行方向。

2）列车全部按长交路考虑，其周转时间为 $T_{周}$=56 min（包含各站的停站时间及起停附加时间）；各站的站间距均不相同，列车在区间的运行时分及停站时间也不尽相同（但不考虑区间线路的坡度和曲线半径对列车运行的影响，即上行方向的总运行时分与下行方向的总运行时分相同），列车在交路端点站的折返时间为 4 min。

3）车辆段位于 C 站，出段列车根据运营的需要可以直接进入 C 站的上、下行正线运营，运营的列车也可由 C 站的上、下行正线直接进入车辆段。

4）运营结束后，除 K 站有一列车按规定保留至第二天开行外，其余所有列车均需回到车辆段。

5）为安全起见，在每天运营的首班车开行之前均应开行检查列车（即轧道车），检查列车的运行速度限速 45 km/h（其单程运行时间为标准运行时间的 160% 计算），沿线不停站；检查列车可以使用正式的载客电客车的车体开行完所有的正线，之后可作为正式的载客电客车开行。

6）正式运营的首班车开行时间为 5 时 50 分，末班车开行的时间为 22 时 35 分；末班车必须驶完整个单程的所有车站，中途不得回车辆段。

7）列车的运行间隔应根据客流推定的间隔条件来完成，在绘制运行图时，列车间隔在大于或等于最小行车间隔时间的前提下可误差 ±2 min，每小时开行的列车总数可 ±1 列；折返站的折返时间在满足最小为 4 min 的前提下可适当延长。

8）首、末班车必须正点开行。

9）运行图的均匀性是考核运营质量的一个重要指标，在绘制运行图时，应尽量保持每个小时内的间隔均匀；小时与小时之间过渡时，宜采用均匀等差的过渡方式。

10）在任何情况下，列车的运行间隔均不得小于城市轨道交通所允许的最小追踪间隔时间（设定值为 90 s）。

11）早高峰结束后，A 站和 K 站各保留一列备用车；A 站的备用车作为末班车开行，C 站晚高峰开行的最后一列车开行至 K 站后接替之前的备用车；K 站之前的备用车上正线运营后，作为接替的列车一直保留至运行结束且于 K 站过夜，作为第二天早班车开行。

12）车次号（即服务号及序列号的组合）按京州地铁《行车组织细则》编码，标注在运行线始发车站的阳面上。

13）电动客车组的运行线须全部画成斜线且勾画出列车运行交路；进、出车辆段用箭头表示，如图 7–1 所示，其他标注办法及颜色要求可参见京州地铁列车运行图图例。

二、京州地铁一号线各站的站间距及运行时间标准（表 7–6）

表 7–6　京州地铁一号线各站的站间距及运行时间标准

停站时间 /s	车站名称	区间运行时间 /s	站间距 /m
站后折返：30（站台下客），50（进折返线），20（驾驶员换端），50（出折返线），站台上客时间按实际停留时间确定，至少 30；站前折返：站台停留时间按实际停留时间确定，至少 40；无论何种折返方式，终端站必要停留时间不少于 240	A 站	100	1248
30	B 站	130	1705
30	C 站	115	1551
35	D 站	105	1305
40	E 站	180	2451
45	F 站	110	1472
35	G 站	90	1021
35	H 站	100	1211
30	I 站	95	1153
30	J 站		
站后折返：30（站台下客），50（进折返线），20（驾驶员换端），50（出折返线），站台上客时间按实际停留时间确定，至少 30；站前折返：站台停留时间按实际停留时间确定，至少 40；无论何种折返方式，终端站必要停留时间不少于 240	K 站	105	1303

课题实施

据所给资料采用 AutoCAD 绘制全日列车运行方案图（精图）

步骤一 根据本课题所给资料，确定 AUTOCAD 中关于京州地铁一号线各站的车站中心线位置（图 7-12）。

图 7-12 确定 AUTOCAD 中关于京州地铁一号线各站的车站中心线位置

京州地铁一号线各站的站间距及运行时间标准在AutoCAD图中的运用

步骤二 根据本课题所给资料，确定 AUTOCAD 中基本时间间隔刻度（图 7-13）。

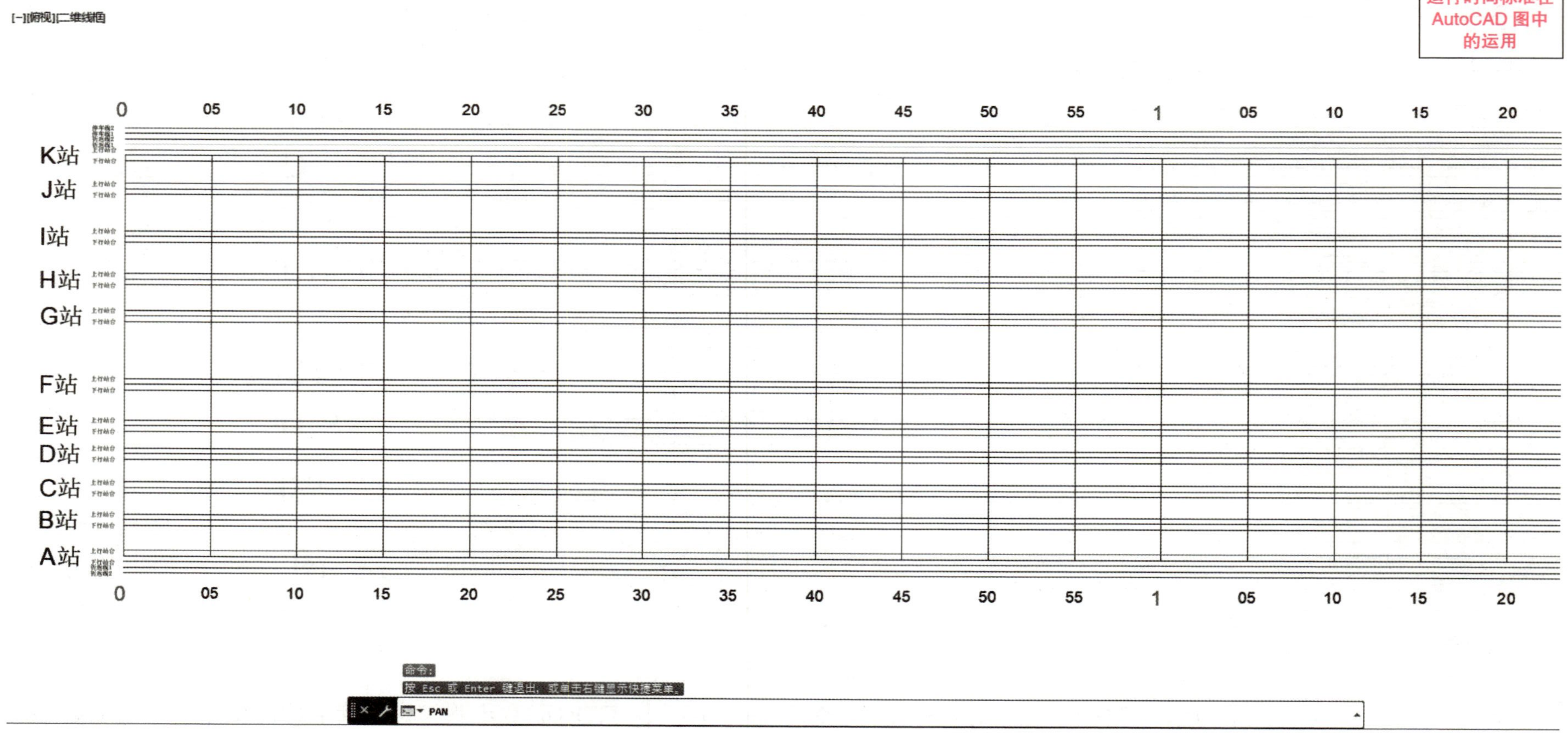

图 7-13 确定 AUTOCAD 中基本时间间隔刻度

步骤三 根据表 7-6 资料，铺画上行方向的列车从 A 站开往 K 站过程中在各区间的运行线（图 7-14）。

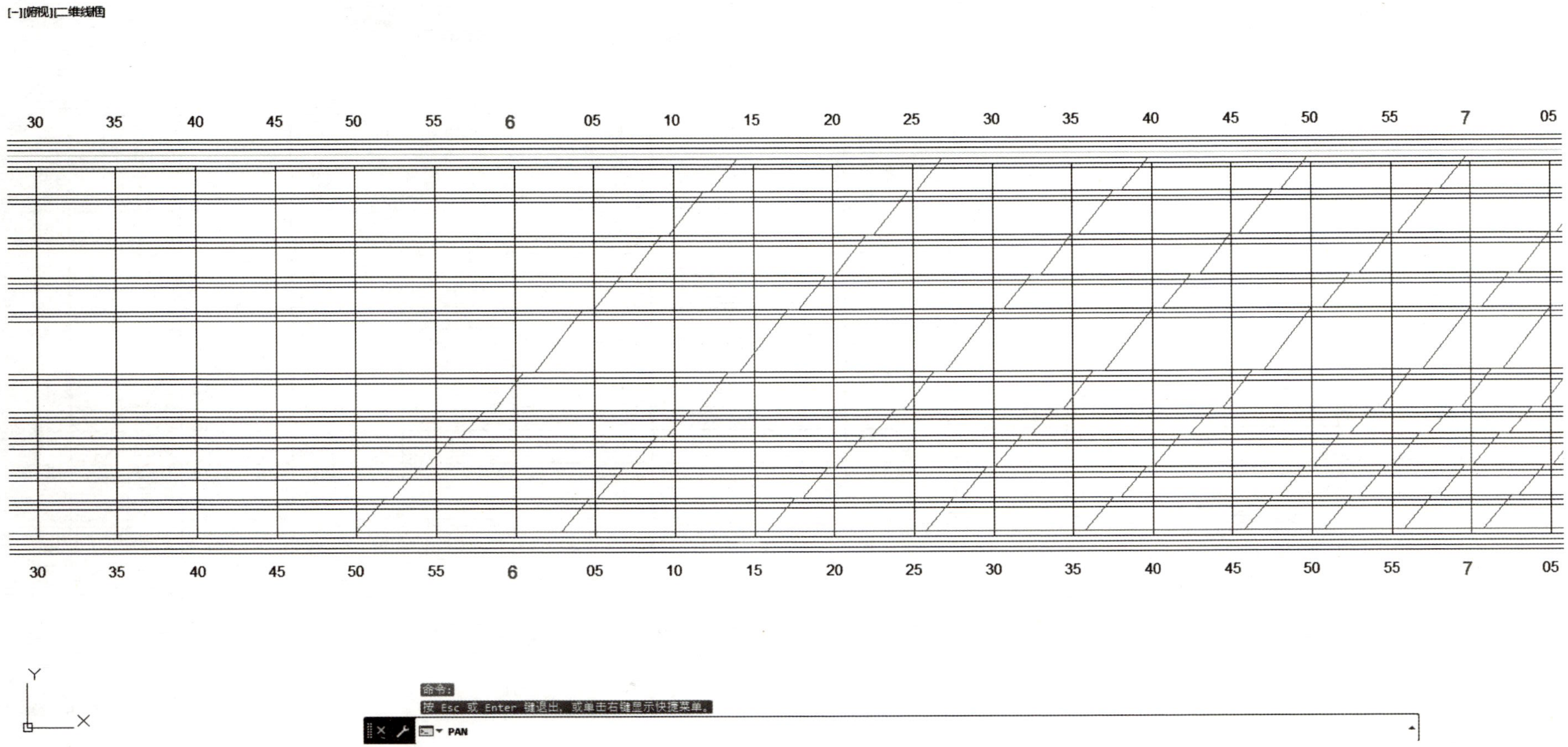

图 7-14　铺画上行方向的列车从 A 站开往 K 站过程中在各区间的运行线

步骤四 根据表 7–6 资料，铺画上行方向的列车在 K 站的折返线（图 7–15）。

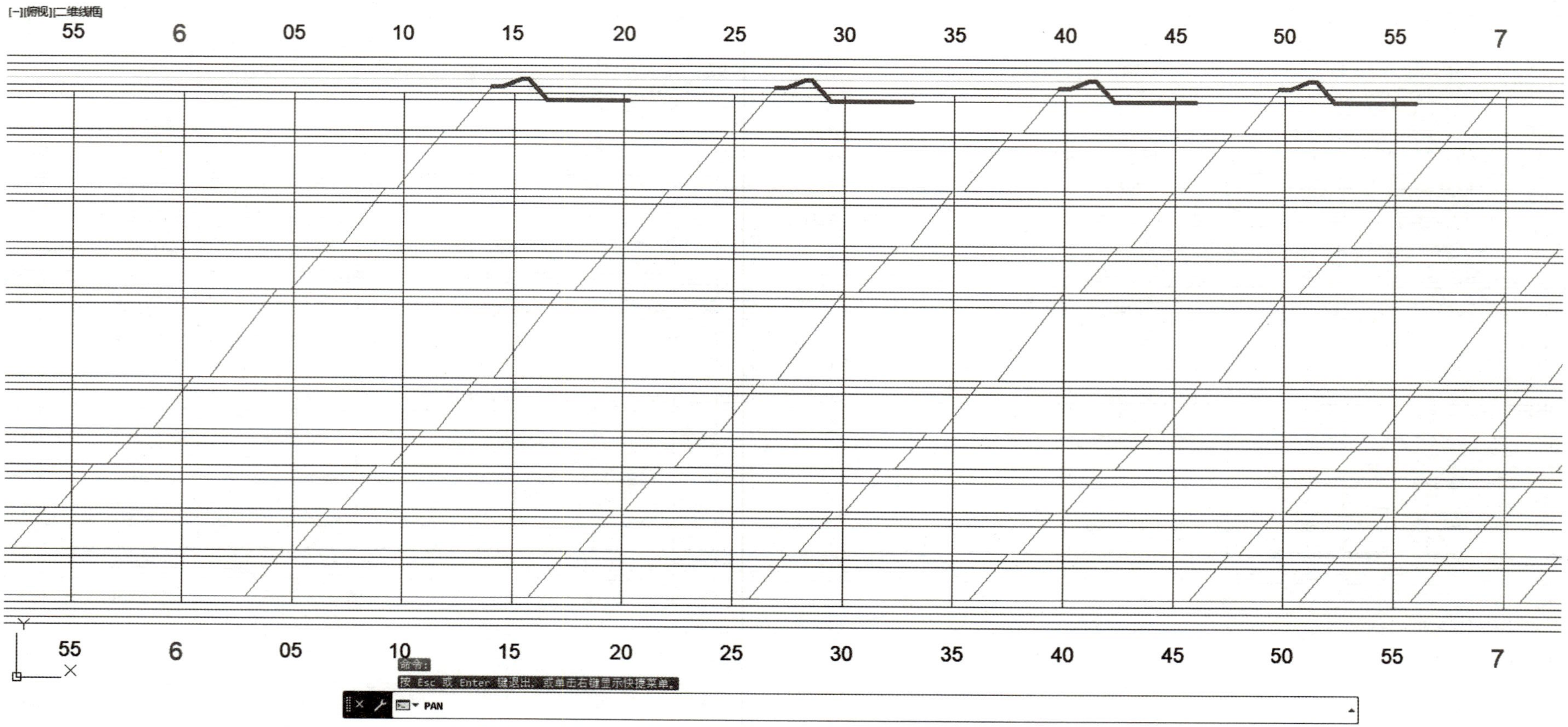

图 7–15 铺画上行方向的列车在 K 站的折返线

步骤五 根据表 7-6 资料，铺画下行方向的列车从 K 站开往 A 站过程中在各区间的运行线（图 7-16）。

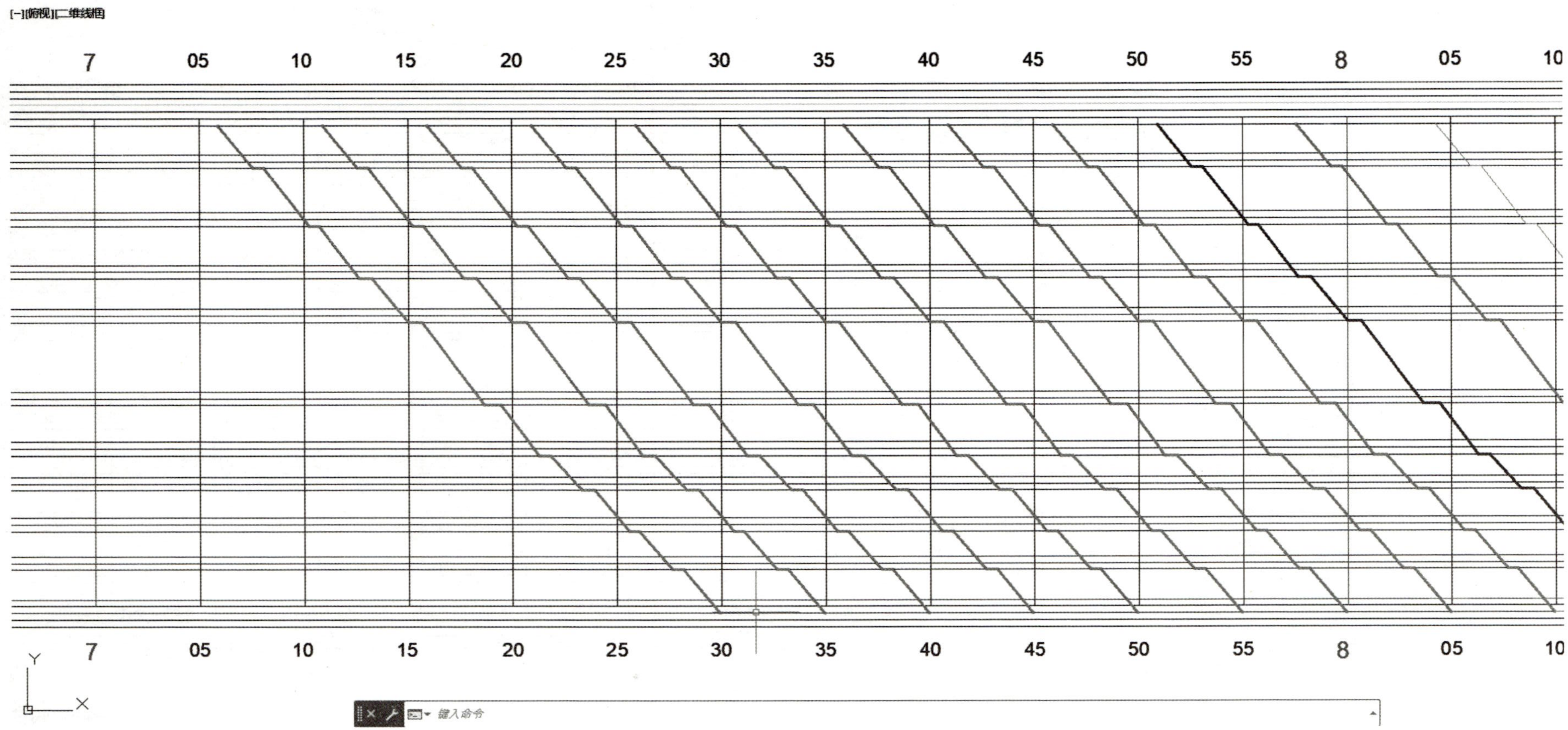

图 7-16 铺画下行方向的列车从 K 站开往 A 站过程中在各区间的运行线

步骤六 根据表 7–6 资料，铺画下行方向的列车在 A 站的折返线（图 7–17）。

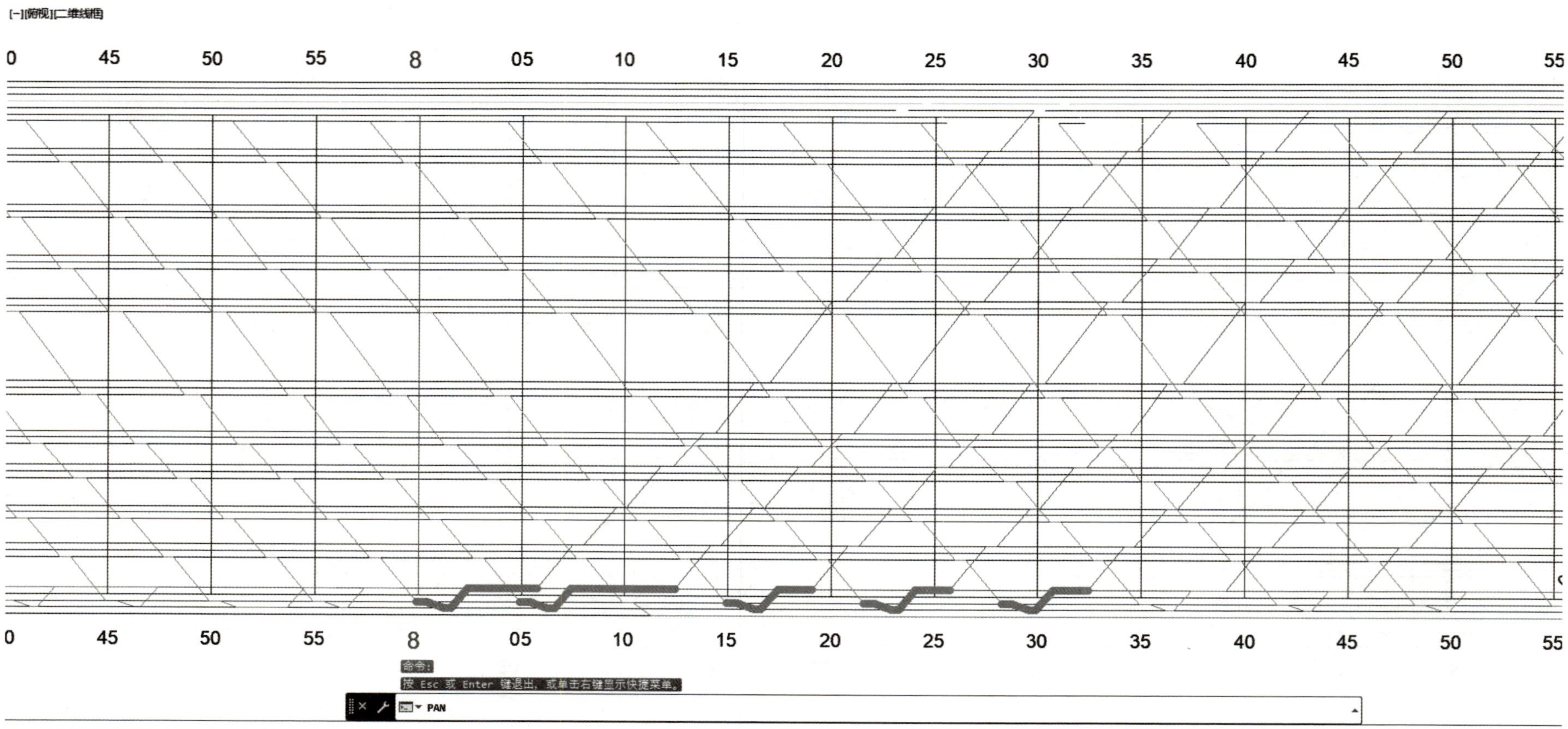

图 7–17 铺画下行方向的列车在 A 站的折返线

步骤七 结合模块七课题一确定出库列车的出库线及出库时刻（图 7–18）。

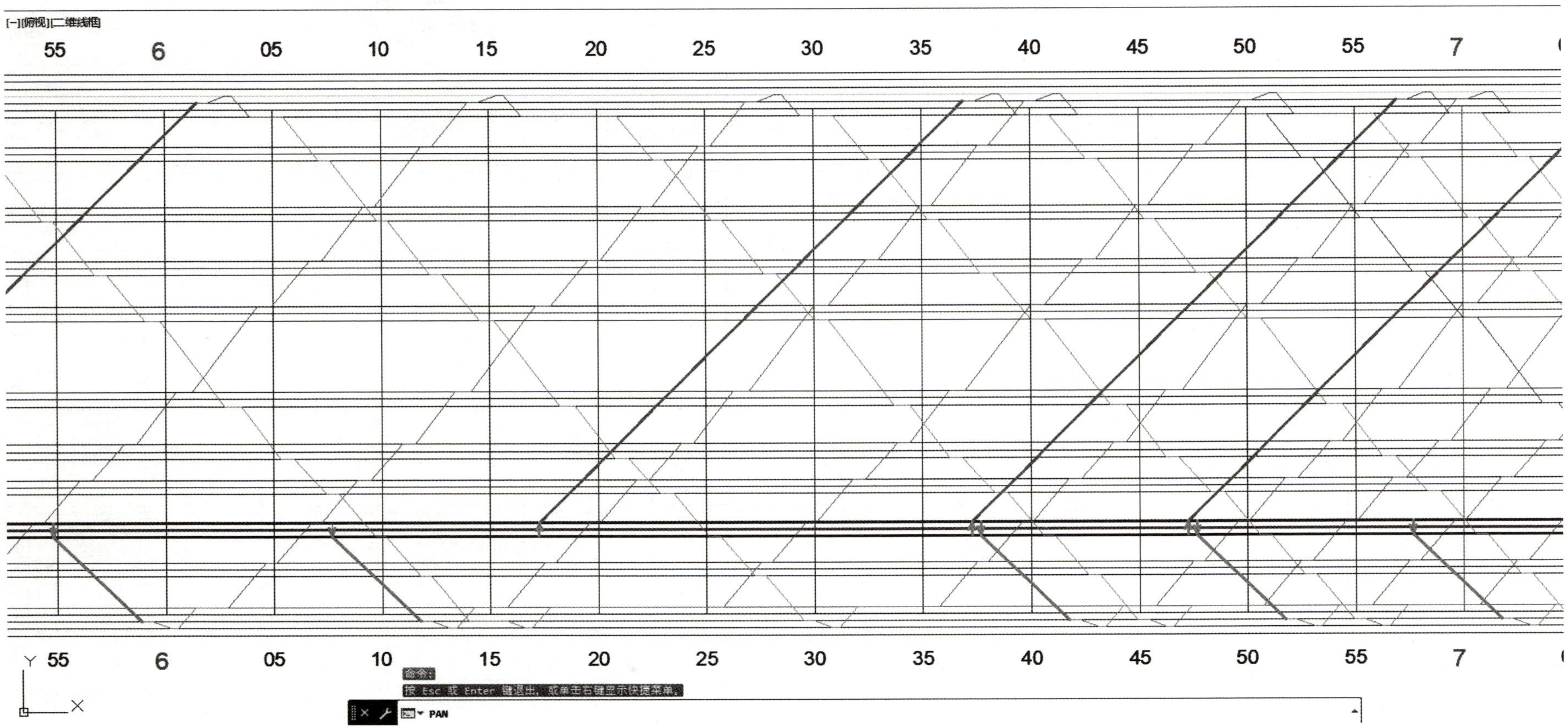

图 7–18　确定出库列车的出库线及出库时刻

步骤八 确定入库列车的入库线（图 7–19）。

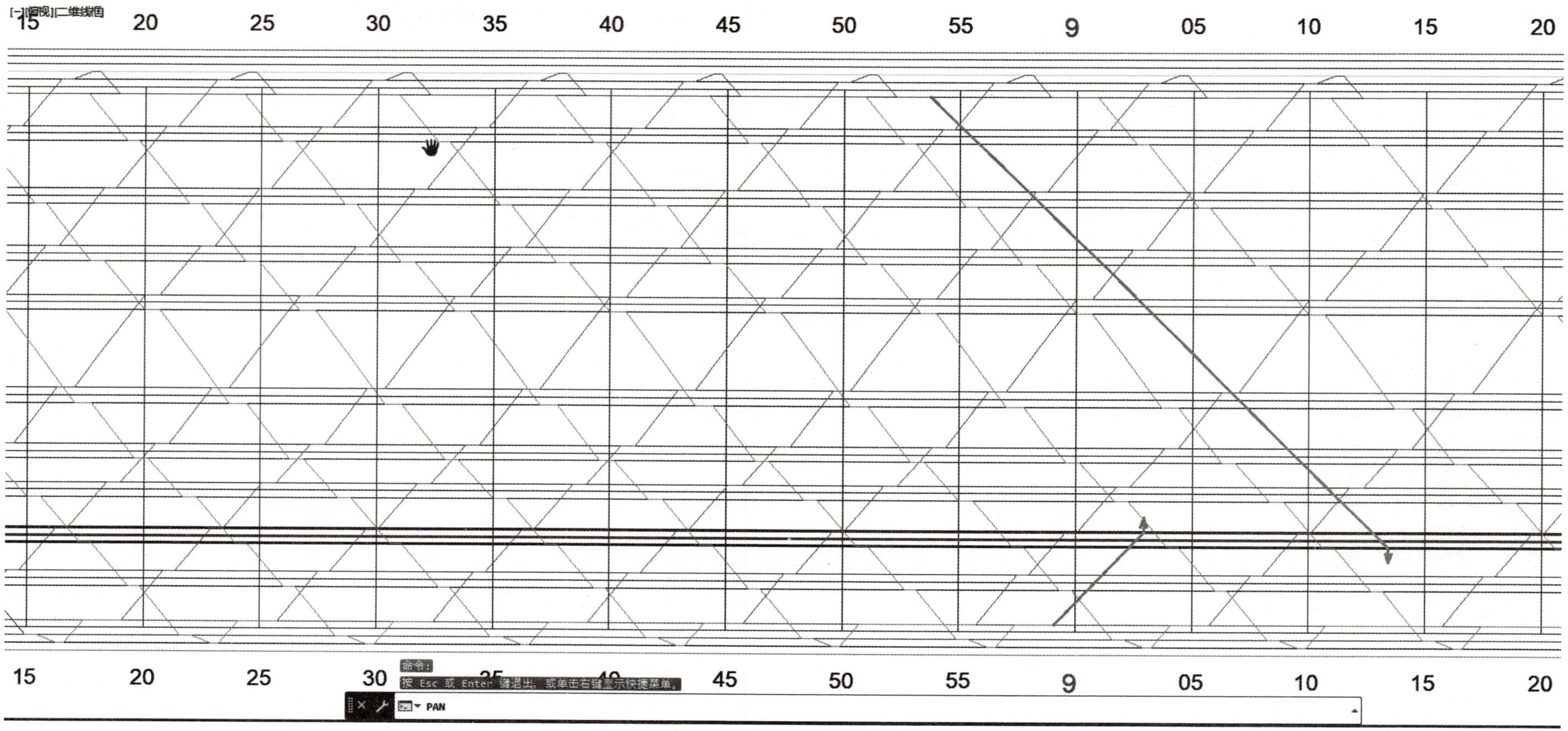

图 7–19 确定入库列车的入库线

步骤九 标注各列车的车次号（图 7–20）。

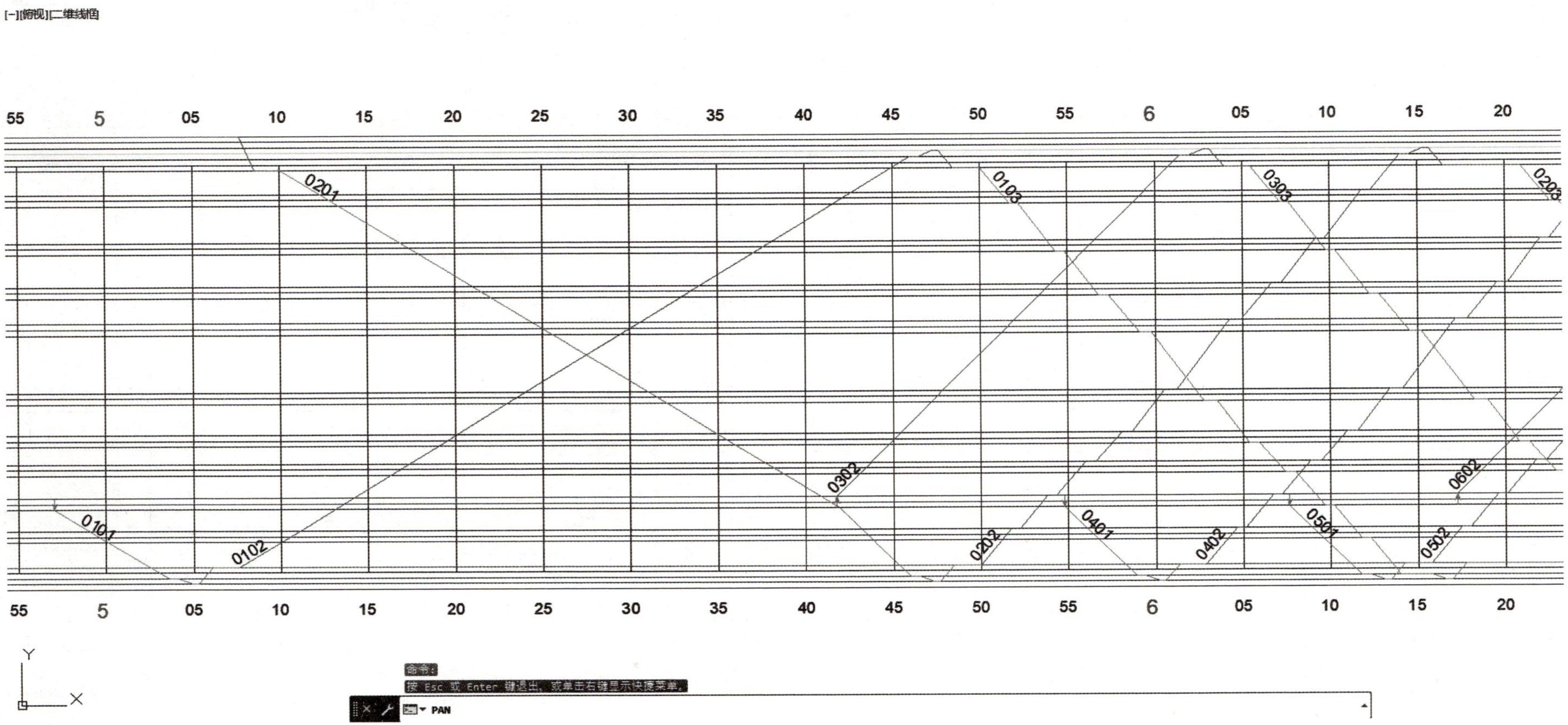

图 7–20 标注各列车的车次号

步骤十 复制各运行线、折返线、出入线及车次号至适当位置并修改车次号，完成全日列车运行方案图（精图）编制（图 7–21）。

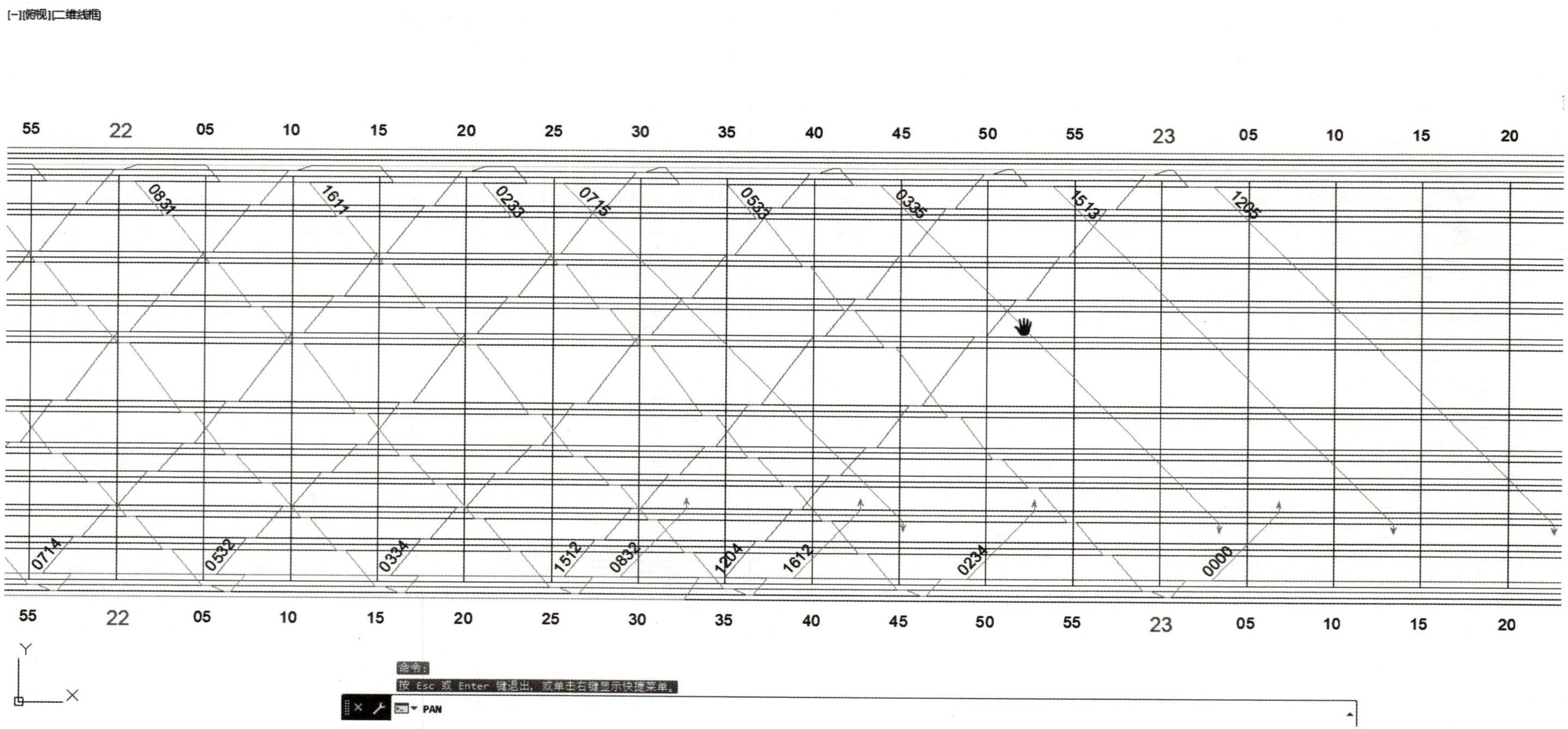

图 7–21 完成全日列车运行方案图（精图）编制

模块八 8

电话闭塞法下的行车组织

课题一 中间站电话闭塞法发车作业

课题背景

2022 年 9 月 15 日 10 时 13 分，京州地铁一号线（该线共有 20 座车站，为简单起见分别标注 1 号站、2 号站……20 号站；规定：列车从 1 号站开往 20 号站为上行方向，反之为下行方向）全线联锁设备故障；10 时 14 分，控制中心值班调度主任决定全线采用“一站一区间”间隔的电话闭塞法行车；10 时 50 分，1618 次列车进 2 号站停车……

课题实施

电话闭塞发车作业

步骤一 全线各站签收控制中心的调度命令，采用电话闭塞法行车。

步骤二 请求闭塞。

1）根据“行车日志”、调度命令确认区间线路空闲。

具体如下：

2号站值班员呼叫3号站值班员：3号站，2号站与你共同确认2号站至3号站上行区间、3号站上行站台是否空闲。

（在得到肯定回答后）

2）向前方站请求闭塞。

具体如下：

2号站值班员呼叫3号站值班员：1618次请求闭塞。

（3号站值班员复诵。）

步骤三 准备发车进路。

1）布置站务员准备发车进路。

具体如下：

2号站值班员呼叫2号站务员：准备1618次上行发车进路。

（2号站值班员复诵。）

（之后，2号站站务员向2号站值班员汇报情况。）

2）听取汇报并复诵。

具体如下：

2号站值班员听取汇报并复诵：1618次上行发车进路准备好了，线路出清。

步骤四 办理闭塞。

（3号站值班员向2号站值班员承认闭塞。）

1）听取承认闭塞并复诵。

具体如下：

2号站值班员听取承认闭塞并复诵：电话记录3××号，×时×分同意1618次闭塞。

2）2号站值班员填写“行车日志”。

3）布置2号站站务员填写路票。

具体如下：

2号站值班员呼叫2号站站务员：准备路票。

2号站站务员回答：路票准备好了。

2号站值班员呼叫2号站站务员：电话记录3××号，1618次，2号站至3号站，行车值班员×××，×年×月×日，加盖行车专用章。

2号站站务员回答：电话记录3××号，1618次，2号站至3号站，行车值班员×××，×年×月×日，行车专用章有了。

4）指示站务员向列车驾驶员交付路票后显示发车信号。

具体如下：

2 号站值班员呼叫 2 号站站务员：正确，交付路票，准备发车。

2 号站站务员复诵：交付路票，准备发车。

（2 号站站务员将路票交于列车驾驶员。）

2 号站站务员核对情况：乘客上下车完毕，车门屏蔽门已关闭，无夹人夹物情况出现，具备发车条件，显示发车手信号。

步骤五 列车出发。

（之后，列车动车。）

2 号站站务员呼叫 2 号站值班员：1618 次动车。

1）2 号站值班员复诵，填写行车日志。

具体如下：

2 号站值班员复诵：1618 次动车。

2）向前方站报点。

具体如下：

2 号站值班员呼叫 3 号站值班员：1618 次 × 时 × 分开。

（3 号站值班员复诵。）

之后，2 号站站务员呼叫 2 号站值班员：1618 次离站。

2 号站值班员复诵：1618 次离站。

3）当列车尾部越过站台头端墙后，向后方站报点，开通区间。

具体如下：

2 号站值班员呼叫 1 号站值班员：电话记录 ×× 号，1618 次 × 时 × 分开。

（1 号站值班员复诵。）

4）当列车尾部越过站台头端墙、向后方站报点开通区间后，向行调报点。

具体如下：

2 号站值班员呼叫行车调度员：2 号站报点，1618 次 × 时 × 分到，× 时 × 分开。

（行车调度员复诵。）

步骤六 开通区间。

复诵前方站报点，填写行车日志，开通区间。

具体如下：

2 号站值班员听取 3 号站值班员报点并复诵：电话记录 ×× 号，1618 次 × 时 × 分开。

（之后，2 号站值班员填写“行车日志”。）

课题二 中间站电话闭塞法接车作业

课题背景

2022年9月15日10时13分，京州地铁一号线（该线共有20座车站，为简单起见分别标注为1号站、2号站……20号站；规定：列车从1号站开往20号站为上行方向，反之为下行方向）全线联锁设备故障；10时14分，控制中心值班调度主任决定全线采用“一站一区间”间隔的电话闭塞法行车；10时50分，1618次列车进2号站停车……

课题实施

电话闭塞接车作业

步骤一 全线各站签收控制中心的调度命令，采用电话闭塞法行车。

步骤二 听取闭塞请求。

1）根据“行车日志”、调度命令确认站内线路空闲和区间线路空闲。

2）听取后方站的闭塞请求并复诵。

具体如下：

3号站值班员听取2号站值班员确认线路及区间空闲的询问并回答：2号站至3号站上行区间、3号站上行站台空闲。

（之后，2号站值班员请求闭塞。）

3号站值班员听取2号站值班员的闭塞请求并复诵：1618次请求闭塞。

步骤三 准备进路。

1）布置站务员准备接车进路。

具体如下：

3号站值班员呼叫3号站站务员：准备1618次上行接车进路。

3号站站务员复诵：准备1618次上行接车进路。

2）听取汇报后并复诵。

具体如下：

（待站务员接车进路准备完毕后）

3号站站务员呼叫3号站值班员：1618次上行接车进路准备好了，线路出清。

3号站值班员复诵：1618次上行接车进路准备好了，线路出清。

步骤四 同意闭塞。

通知发车站承认闭塞并填写“行车日志”。

具体如下：

3号站值班员呼叫2号站值班员:电话记录3××号，×时×分同意1618次闭塞。之后，3号站值班员填写“行车日志”。

（2号站站务员复诵。）

步骤五 接车。

1）听取发车站的发车通知、复诵、填写“行车日志”并向前方站请求闭塞。

具体如下：

3号站值班员听取2号站值班员的发车通知并复诵：1618次×时×分开。

3号站值班员填写“行车日志”。

3号站值班员呼叫4号站值班员：4号站，3号站与你共同确认3号站至4号站上行区间、号站上行站台是否空闲。

（在得到肯定回答后）

3号站值班员呼叫4号站值班员：1618次请求闭塞。

（4号站值班员复诵。）

2）布置站务员接车。

具体如下：

3号站值班员呼叫3号站站务员：1618次开过来了，准备接车。

3号站站务员复诵：1618次开过来了，准备接车。

3）听取站务员汇报并复诵，填写“行车日志”。

填写行车日志

具体如下：

3号站站务员呼叫3号站值班员：1618次到达。

3号站值班员复诵：1618次到达。

4）向发车站报到达点。

具体如下：

3号站值班员呼叫2号站值班员：1618次×时×分到。

（2号站值班员复诵。）

步骤六 开通区间。

列车由本站开出后，向先前的发车站报点、填写“行车日志”并向行车调度员报点。

具体如下：

（待列车由本站开出后）

3号站值班员呼叫2号站值班员：电话记录××号，1618次×时×分开。

（2号站值班员复诵。）

3 号站值班员呼叫行车调度员：3 号站报点，1618 次 × 时 × 分到，× 时 × 分开。

（行车调度员复诵。）

伦敦地铁大都会线列车追尾事故

课题三　终点站电话联系法接发车作业

课题背景

2022 年 9 月 15 日 10 时 13 分，京州地铁一号线（该线共有 20 座车站，为简单起见分别标注为 1 号站、2 号站……20 号站；规定：列车从 1 号站开往 20 号站为上行方向，反之为下行方向）全线联锁设备故障；10 时 14 分，控制中心值班调度主任决定全线采用“一站一区间”间隔的电话闭塞法行车；10 时 35 分，1618 次列车进 20 号站停车（见图 8–1）。

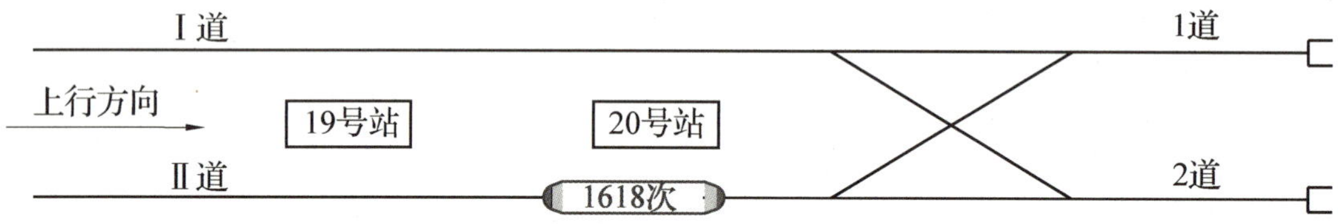

图 8–1　京州地铁一号线终点站站型图

课题实施

采用电话联系法的列车折返作业

步骤一　请求入折返线调车进路。

列车驾驶员向终点站值班员请求进入折返线调车进路。

具体如下：

（待 1618 次列车在 20 号站台停稳后）

1618 次驾驶员呼叫 20 号站行车值班员：20 号站，1618 次请求上行至 2 道调车进路。

20 号站行车值班员复诵：1618 次请求上行至 2 道调车进路。

步骤二　布置入折返线调车进路。

终点站值班员命令扳道员准备进入折返线调车进路。

具体如下：

20 号站行车值班员呼叫扳道员：准备 1618 次上行至 2 道调车进路。

扳道员复诵：准备 1618 次上行至 2 道调车进路。

（待调车进路准备完毕后）

扳道员呼叫 20 号站行车值班员：1618 次上行至 2 道调车进路准备好了，线路出清。

20 号站行车值班员复诵：1618 次上行至 2 道调车进路准备好了，线路出清。

步骤三 承认入折返线调车进路。

终点站值班员承认驾驶员进入折返线调车进路。

具体如下：

20 号站行车值班员呼叫列车驾驶员：1618 次上行至 2 道调车进路准备好了，凭手信号动车，值班员 ×××。

驾驶员复诵：1618 次上行至 2 道调车进路准备好了，凭手信号动车，驾驶员 ×××。

步骤四 列车入折返线。

驾驶员在车站授权下进入折返线。

具体如下：

20 号站行车值班员呼叫站务员：向 1618 次显示发车手信号。

站务员复诵：向 1618 次显示发车手信号。

20 号站站务员核对情况：乘客下车完毕，车门屏蔽门已关闭，无夹人夹物情况出现，具备发车条件，显示发车手信号。

（待列车尾部越过站台头端墙后）

20 号站站务员呼叫行车值班员：1618 次离站。

20 号站行车值班员复诵：1618 次离站。

步骤五 开通区间。

列车由本站上行站台开出后，向先前的发车站报点、填写“行车日志”。

具体如下：

20 号站行车值班员呼叫 19 号站行车值班员：电话记录 2××，1618 次 × 时 × 分开。

（19 号站行车值班员复诵。）

步骤六 请求出折返线调车进路。

列车驾驶员向终点站值班员请求出折返线调车进路。

具体如下：

（待列车到达 2 道后）

驾驶员呼叫车站值班员：1618 次 2 道到达。

20 号站行车值班员复诵：1618 次 2 道到达。

驾驶员呼叫车站值班员：1619 次请求 2 道至下行调车进路。

值班员复诵：1619 次请求 2 道至下行调车进路。

步骤七 布置出折返线调车进路。

终点站值班员命令扳道员准备出折返线调车进路。

具体如下：

20 号站行车值班员呼叫扳道员：准备 1619 次 2 道至下行调车进路。

扳道员复诵：准备 1619 次 2 道至下行调车进路。

（待调车进路准备完毕后）

扳道员呼叫 20 号站行车值班员：1619 次 2 道至下行调车进路准备好了，线路出清。

20 号站行车值班员复诵：1619 次 2 道至下行调车进路准备好了，线路出清。

常见手信号

步骤八 承认出折返线调车进路。

终点站值班员承认驾驶员出折返线调车进路。

具体如下：

20 号站行车值班员呼叫列车驾驶员：1619 次 2 道至下行调车进路准备好了，凭手信号动车，值班员 ×××。

驾驶员复诵：1619 次 2 道至下行调车进路准备好了，凭手信号动车，驾驶员 ×××。

步骤九 列车出折返线。

驾驶员在车站授权下进入折返线。

具体如下：

20 号站行车值班员呼叫扳道员：向 1619 次显示发车手信号。

扳道员复诵：向 1619 次显示发车手信号。

（扳道员显示发车手信号，待列车启动后）

扳道员呼叫 20 号站行车值班员：1619 次动车。

20 号站行车值班员复诵：1619 次动车。

20 号站行车值班员呼叫站务员：1619 次 2 道至下行开过来了，准备接车。

20 号站站务员复诵：1619 次 2 道至下行开过来了，准备接车。

（待列车到 20 号站下行站台后）

20 号站站务员呼叫行车值班员：1619 次到达。

20 号站行车值班员复诵：1619 次到达。

步骤十 列车下行方向载客出发。

驾驶员在车站授权下载客出发。

具体如下：

（待列车载客动车后）

20 号站站务员呼叫行车值班员：1619 次动车。

20 号站行车值班员复诵：1619 次动车。

20 号站行车值班员呼叫 19 号站行车值班员：1619 次 × 时 × 分开。

（19 号站行车值班员复诵。）（待列车尾部越过站台头端墙后）

20 号站站务员呼叫行车值班员：1619 次离站。

20 号站行车值班员复诵：1619 次离站。

步骤十一 向行车调度员报点。

列车离站后车站向行车调度员报点。

具体如下：

20号站值班员呼叫行车调度员：20号站报点，1618次×时×分到，1619次×时×分开。（行车调度员复诵。）

课题四 人工办理进路作业

人工准备进路

步骤一 申请进入轨行区。

行车值班员向行车调度员申请进入轨行区，得到行车调度员的准许后带上专用工具方可进入轨行区。

步骤二 看【查看】。

办理进路人员查看道岔开通的位置是否正确、是否需要改变道岔开通的位置、道岔上是否有钩锁器、道岔尖轨与基本轨之间的空隙是否有异物存在。

步骤三 开【打开】。

办理进路人员打开道岔转辙机盖孔板锁（若道岔上加有钩锁器，应先打开钩锁器的挂锁，后打开钩锁器，再打开道岔转辙机盖孔板锁）。

步骤四 摇【摇动】。

办理进路人员通过手摇把摇动道岔转向所需的位置，在听到转辙机的“咔嚓”落槽声后停止摇动；如摇动时间较长也未曾听到“咔嚓”落槽声，则先将道岔摇回去，听到“咔嚓”声后再摇回来，直到听见“咔嚓”声为止；如道岔有主、副两台转辙机，则应有两次“咔嚓”落槽声发出。

步骤五 确【确认】。

办理进路人员应眼看、手指尖轨，口呼：“尖轨密贴，开通左（右）位”（和另一人共同确认）。

步骤六 锁【加锁】。

办理进路人员在另一人确认道岔开通正确位置后，用钩锁器锁定道岔（加锁位置位于尖轨后第二、三轨枕之间）。

步骤七 汇【汇报】。

办理进路人员向车站控制室汇报道岔开通位置正确，标准用语是：“×号道岔开通×位，尖轨密贴，已加锁，人员工具已出清。”

参考文献

[1] 林瑜筠. 城市轨道交通信号［M］. 北京：中国铁道出版社，2015.

[2] 邓丽敏，李文超. 城市轨道交通车辆段信号系统［M］. 北京：北京交通大学出版社，2019.

[3] 林瑜筠. 城市轨道交通运营管理［M］. 北京：中国铁道出版社，2017.

[4] 何静. 城市轨道交通运营管理［M］. 3 版. 北京：中国铁道出版社，2017.

[5] 吴晓. 城市轨道交通运输设备［M］. 2 版. 北京：电子工业出版社，2017.

[6] 费安萍. 城市轨道交通运输设备的运用［M］. 北京：中国铁道出版社，2020.

[7] 齐伟，丁尚. 城市轨道交通车站设备［M］. 上海：上海交通大学出版社，2020.

[8] 闫海峰. 城市轨道交通设备［M］. 北京：科学出版社，2016.

[9] 孙峰，侯彩霞，闻颜. 城市轨道交通调度指挥［M］. 上海：上海交通大学出版社，2016.

[10] 李慧玲. 城市轨道交通运营调度指挥［M］. 上海：上海交通大学出版社，2016.

[11] 李俊辉，黎新华. 城市轨道交通行车组织［M］. 3 版. 北京：人民交通大学出版社，2021.

附录一　拓展阅读

控制中心环控调度员

控制中心行车调度员

控制中心电力调度员

运营控制中心

列车的概念

城市轨道交通运营时刻表

运营时间

列车定员数

运营时刻表

列车停站时分

列车试车作业

车站的存车能力

调度命令的下达

列车自动驾驶（ATO）模式

列车自动折返（AR）模式

非限制人工驾驶（URM）模式

试验道岔

列车出段

列车运行自动调整

列车运行等级的设置

道岔“短闪”处理

附录二

固定消防电话主机

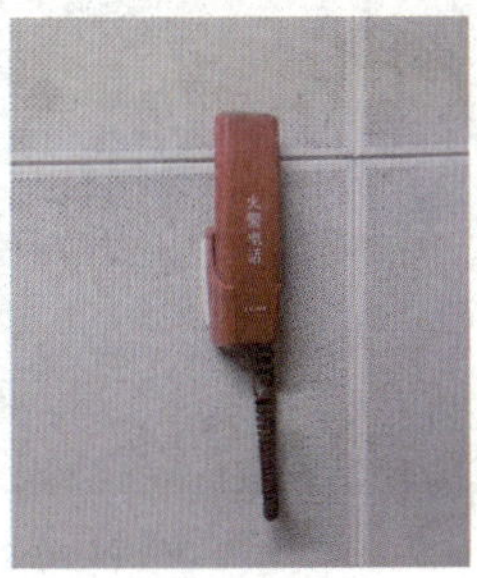

固定消防电话挂机

手提电话

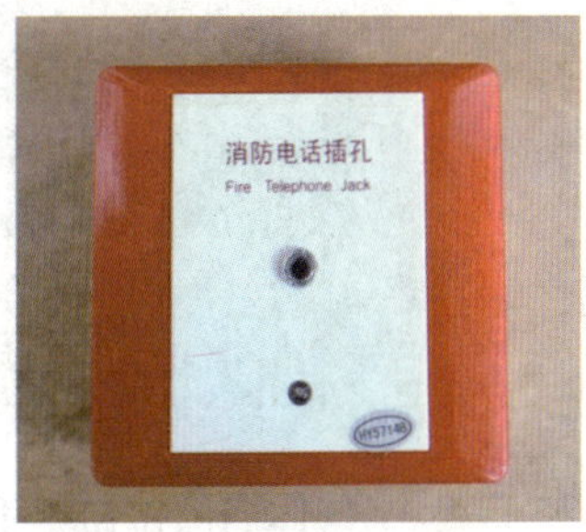

手提消防电话插孔

图 1–3　火灾报警系统内部消防电话

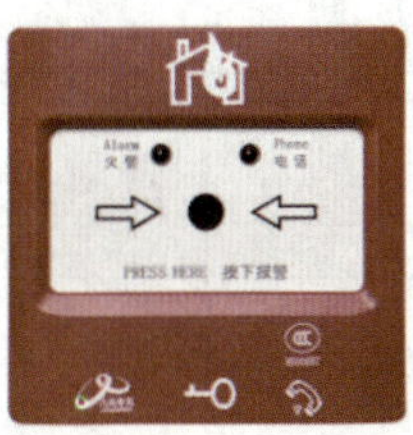

手动报警器

警铃

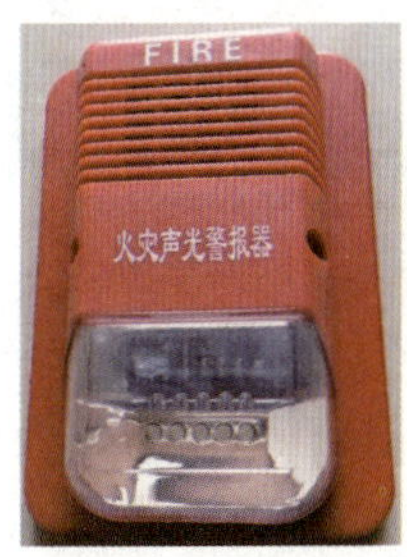

声光报警器

图 1–4　火灾报警系统的外部设备

图 1–5　烟感火灾探测器

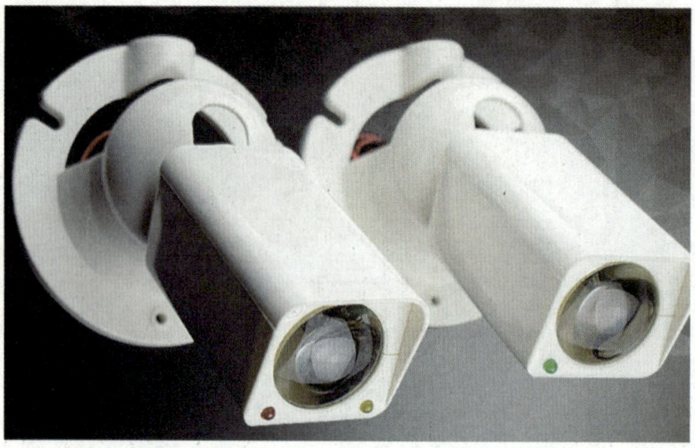

图 1-6　红外线对射烟感探测器

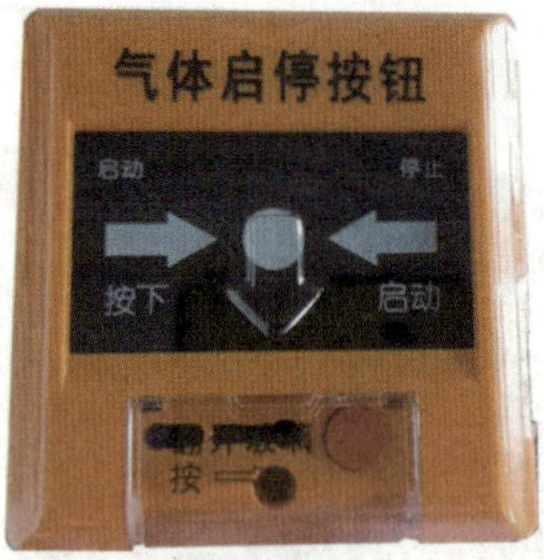

气体启停按钮（手动）

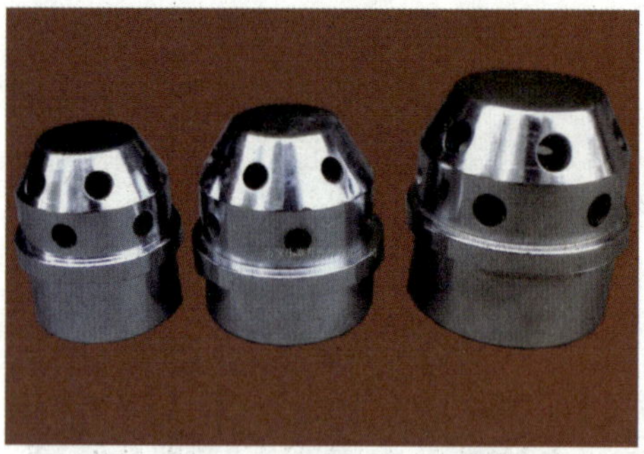

气体喷头

图 1-7　灭火装置

表 2-5　列车运行线的表示（彩图见附录二）

序　号	列车类型	表示方法	图　例
1	列车	红色实直线	
2	接触网检查车及轨道车	黑色实直线加蓝圈	
3	出入段列车及回空列车	红色实直线加红框	
4	救援列车	红色实直线加红叉	
5	调试列车	蓝色实直线	
6	工程车	黑色实直线	
7	临时客运列车	红色分段直线加红色实直线	
8	专列	红色虚线	

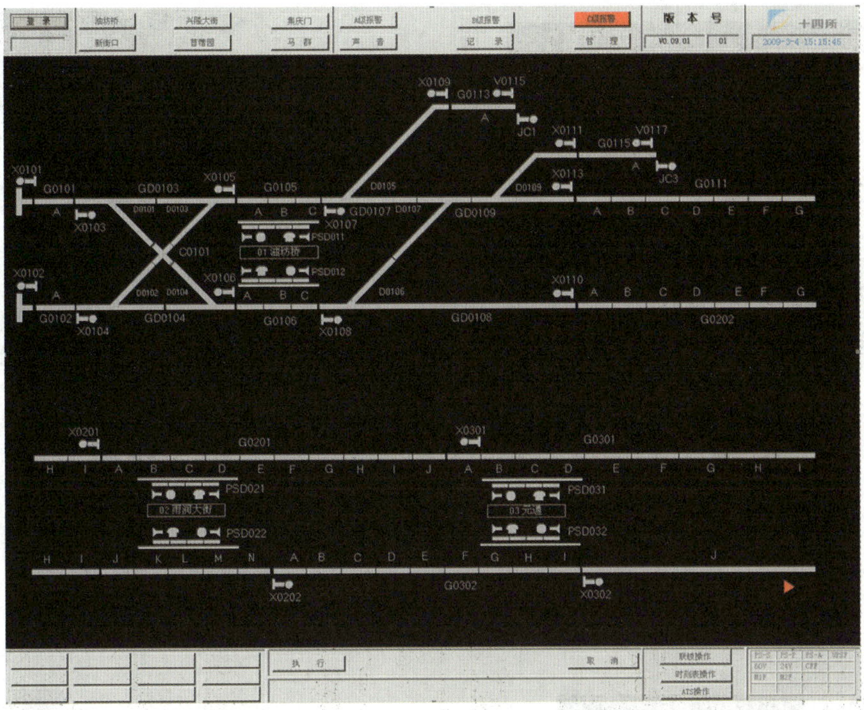

图 3–7　LOW 的整体界面

图 3–8　安全相关命令的操作对话框

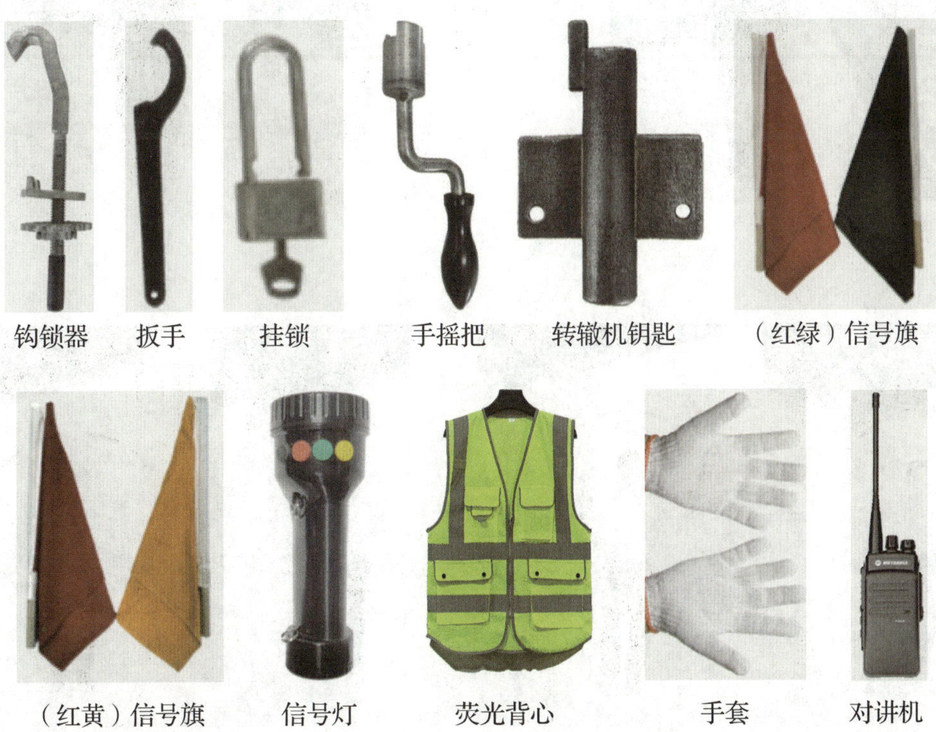

图 3–10　手摇道岔的器具

图 5–4　站务员向列车驾驶员显示发车手信号

图 6–5　停车手信号

图 6–6　紧急停车手信号